安徽省高等学校"十三五"省级规划教材

高等学校化学实验精品教材系列丛书

无机非金属材料工程专业综合实验

Comprehensive Experiments of Inorganic Non-metallic Materials Engineering

主 编　葛金龙　张茂林
副主编　王秋芹　焦宇鸿
参 编　金效齐　黄晓晨　吴　中
　　　　高慧阳　熊明文

中国科学技术大学出版社

内 容 简 介

本书内容涉及无机非金属材料物理性能、粉体工程、玻璃性能检测、材料现代测试方法、多孔二氧化硅微球及复合材料的制备等多个方面。实验项目依据无机非金属材料工程专业的主要理论课程和实践课程选编，既包括基础性实验项目，也有能够反映学科前沿的新技术、新方法和新成果的创新性的综合性实验项目，并融入了材料的制备、表征、分析等方面的知识，强化了对学生无机非金属材料工程实践能力的培养。

本书可作为高等院校无机非金属材料工程专业的实验教学用书，也可以供其他相关专业使用，并可作为科研和工程技术人员的参考用书。

图书在版编目(CIP)数据

无机非金属材料工程专业综合实验/葛金龙,张茂林主编. —合肥:中国科学技术大学出版社,2021.6

ISBN 978-7-312-05197-5

Ⅰ.无… Ⅱ.① 葛… ② 张… Ⅲ.无机非金属材料—实验 Ⅳ.TB321-33

中国版本图书馆 CIP 数据核字(2021)第 056153 号

无机非金属材料工程专业综合实验

WUJI FEIJINSHU CAILIAO GONGCHENG ZHUANYE ZONGHE SHIYAN

出版	中国科学技术大学出版社
	安徽省合肥市金寨路 96 号,230026
	http://press.ustc.edu.cn
	https://zgkxjsdxcbs.tmall.com
印刷	合肥市宏基印刷有限公司
发行	中国科学技术大学出版社
经销	全国新华书店
开本	710 mm×1000 mm　1/16
印张	11.5
字数	238 千
版次	2021 年 6 月第 1 版
印次	2021 年 6 月第 1 次印刷
定价	36.00 元

前　　言

当今社会,各种新材料广泛应用于人工智能、新一代信息技术、集成电路、先进制造、新能源汽车、高性能材料、生物医药、人工智能、农业机械等领域,是当前很重要、发展很快的科技领域。

无机非金属材料种类繁多,用途广泛,是现代社会不可缺少的支柱材料。无机非金属材料工程专业实验是培养学生掌握相关材料的制备与性能测试技术,提高学生工程技术水平,培养学生的工程创新能力的重要课程。无机非金属材料工程专业实验课程的主要任务是通过对基础知识的学习和对实际操作的训练,使学生初步掌握无机非金属材料实验的主要方法和操作要点,培养学生理论联系实际分析问题的能力以及实践创新的能力。

本书是依据无机非金属材料工程专业的主要理论课程和实践课程,在查阅大量文献资料,参考该专业最新研究成果,对照国内相关新标准、新规范的基础上编写而成的,内容涉及无机非金属材料物理性能、粉体工程、玻璃性能检测、材料现代测试方法、多孔二氧化硅微球及复合材料的制备等多个方面。本书既注重材料科学与工程的基本理论,也注重材料制备与性能测试的基本技能,既有基础性实验项目,也有反映了学科前沿的新技术、新方法和新成果的综合性实验项目,并融入了材料的制备、表征、分析等方面的知识,强化了对学生无机非金属材料工程实践能力的培养。

本书由葛金龙、张茂林主编,王秋芹、焦宇鸿任副主编,由葛金龙负责统稿,金效齐、黄晓晨、吴中、高慧阳、熊明文等老师参与编写。编写过程中我们还参考了很多实验教材、著作和论文等,在此对相关作者表示衷心的感谢。由于编者学识有限,书中难免有疏漏和不妥之处,恳请读者批评指正。

编　者
2021 年 2 月

目　　录

实验一　晶体对称要素、晶族和晶系

一、实验目的

(1) 掌握晶体对称的概念及对称操作。

(2) 掌握在晶体模型上寻找对称要素的基本方法。

(3) 根据对称特征划分晶族、晶系,掌握各晶系的对称特点。

二、实验原理

(1) 用镜像反映的对称操作寻找对称面,垂直平分晶棱的平面或通过晶棱的平面都可能是对称面。观察平面是否把晶体分为互成镜像的两个相等部分,如果是,则为对称面,反之则不是,对称面用"P"表示。如有 5 个对称面则记为 $5P$。

(2) 用旋转的对称操作寻找对称轴,下列的直线可能是对称轴:

① 通过晶棱中点的直线,可能是 L^2;

② 通过晶面中心的直线,可能是 L^2、L^3、L^4、L^6;

③ 通过顶点的直线,可能是 L^2、L^3、L^4、L^6。

将晶体围绕上述直线旋转,如相同的面、棱、角重复出现,则该直线为一对称轴。图形重复的次数就是该对称轴的轴次,轴次用"n"表示($n = 360°/\alpha$),n,α 为图形重复时转动的最小角度,称为基转角。把相同轴次的对称轴合在一起,例如有 4 个二次对称轴,则记为 $4L^2$。当某一对称轴可以是几种轴次时,应取最高轴次,例如同时为 L^3、L^6,应取 L^6。

(3) 观察所有晶面是否两两平行且同形等大,如果是,就有对称中心;否则无对称中心。对称中心用"C"表示。

(4) 用"旋转 + 反伸"的对称操作寻找旋转反伸轴。当晶体上或模型上存在 L_i^4 或 L_i^6 时,往往存在 L^2(与 L_i^4 重合)与 L^3(与 L_i^6 重合),同时在晶体上还会有晶棱、顶点上下交错分布的现象。因此确定 L_i^4、L_i^6 的具体方法如下:

① 找出晶体上的 L^2 或 L^3,并放在直立位置;

② 对于旋转晶体,观察其面、棱、点有无上下交错现象,如有并垂直此直线且没有对称面,则此直线可能是 L_i^4 或 L_i^6;

③ 通过晶体中心,垂直该直线作一假想平面;

④ 在晶体上半部,认定一个晶面(或晶棱),将晶体围绕该面(或直线)旋转 $90°$

或 60°,并假想上述认定的晶面(或晶棱)仍留在原来的位置,则在其下部有一晶面(或晶棱)与之成镜像,则此直线为 L_i^4 或 L_i^6。

三、仪器设备

晶体模型(每晶系一个单形或聚形)、四方四面体、三方柱。

四、实验内容

(1) 在模型上找出全部的对称要素。

(2) 确定晶体的对称型。

按上述方法找出晶体的全部对称要素后,将它们从左到右按照先写对称轴(轴次由高到低),再写对称面,最后写对称中心的顺序记录下来,此即为该晶体的对称型。最后,将所确定的对称型与《晶体分类简表》(见附录)中 32 种对称型对照,若有不符,则需检查所记录的对称要素有无遗漏或重复,重新确定对称型,直至正确为止。

(3) 划分晶族、晶系。

在模型上找出全部对称要素后,根据对称特点,确定其晶族、晶系。

五、实验结果与处理

整理上述实验观察的内容并列表加以分析。

(1) 立方晶系和斜方(正交)晶系各属于哪个晶族? 各自有几种布拉维格子? 请分别指出。

(2) 画图展示立方晶系的布拉维格子。

六、思考题

(1) 什么是晶体对称性?

(2) 三方柱晶体为什么属于六方晶系? 对称型 L^3P、L^33L^24P 属何种晶系? 为什么?

(3) 如何在晶体模型上迅速而正确地找出全部对称要素?

参 考 文 献

[1] 张联盟,黄学辉,宋晓岚.材料科学基础[M].武汉:武汉理工大学出版社,2011.

[2] 伍洪标,谢峻林,冯小平.无机非金属材料实验[M].北京:化学工业出版社,2019.

[3] 秦善.晶体学基础[M].北京:北京大学出版社,2004.

实验二 最紧密堆积原理及典型化合物晶体的结构分析

一、实验目的

(1) 了解晶体结构的立体概念。

(2) 掌握晶体内部质点排列的基本方式。

(3) 理解配位数和配位多面体。

二、实验原理

晶体是由质点(离子、原子或分子)在三维空间周期性排列而构成的固体,质点靠化学键结合在一起,由于离子键、金属键和范德华力键没有方向性和饱和性的限制,因此在依靠这些键结合而成的晶体中,质点总是尽可能地互相靠近,形成最紧密的堆积结构以降低势能,使晶体处于最稳定状态。这种紧密堆积的结构可以用等径圆球的堆积来表示。在这些最紧密堆积的球体之间仍存在许多空隙,其中一种空隙是由4个球围成的。将这4个球的中心连接起来可以构成一个四面体,因而称之为四面体空隙。另一种空隙是由6个球围成的,将这6个球的中心连接起来可以构成一个八面体,故称之为八面体空隙。在离子晶体结构中,通常是阴离子按最紧密堆积的方式排列,而阳离子充填其中的八面体空隙和(或)四面体空隙。

三、实验内容

1. 六方最紧密堆积(hexagonal closest packing,缩写为 HCP)

(1) 取7个等径球体,放在一个平面上,彼此尽量互相靠拢,做最紧密堆积排列,称这一层为 A 层,这时每个球最多有6个球围绕,并在球与球之间形成许多三角孔,其中一半三角孔的尖端指向上方(称为 B 空隙),另一半指向下方(称为 C 空隙)。

(2) 继续堆积第二层时,可以把球放在图 2.1 中尖端向上的空隙中(称为 B 层),也可以放在尖端向下的空隙(称为 C 层),此时这两种放法的效果相同(即 B 层与 C 层等效),都属于最紧密堆积。

(3) 第三层球的排列与第一层球的中心相对应,即重复第一层球的排列方式(即重复了 A 层),按照 ABAB 的层序堆积,从中找出六方点阵(六方紧密堆积)。

（4）求出六方点阵中球体的个数，并计算出四面体空隙（tetrahedral void）数和八面体空隙（octahedral void）数。

（5）计算六方点阵的空间占用率。

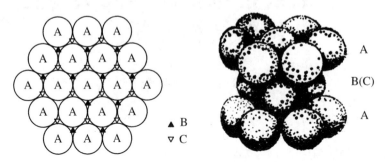

图2.1　球体在平面上的最紧密堆积和六方最紧密堆积

2. 立方最紧密堆积（cubic closest packing，缩写为 CCP）

（1）同1中的（1）项。

（2）同1中的（2）项。

（3）将球体放在与第一层球中另外3个球相应孔位的上方（即如果第二层球放在第一层球中尖端向上的三角的孔上，则第三层就放在尖端向下的三角的孔上），使第三层球的放法既不同于第一层，也不同于第二层，而是处于交错位置，设其为C层（图2.2）。

（4）使第四层球的排列方式与第一层球相同，形成 ABCABC…的堆积方式，从中找出面心立方点阵阵胞。

（5）计算面心立方点阵阵胞中球体的个数，并计算出四面体空隙数和八面体空隙数。

（6）计算面心立方点阵的空间占用率。

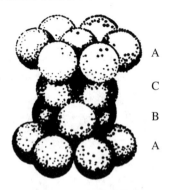

图2.2　立方紧密堆积

3. 实例分析

观察下列典型化合物晶体的结构模型并分析回答有关问题：

食盐（NaCl）结构、氯化铯（CsCl）结构、闪锌矿（立方 ZnS）结构、萤石（CaF$_2$）结构、纤锌矿（六方 ZnS）结构、金红石（TiO$_2$）结构、碘化镉（CdI$_2$）结构、钙钛矿（CaTiO$_3$）结构。

（1）对照模型说明上述晶体的结构类型。

（2）分别指出上述化合物晶体单位晶胞中的阴离子数、阳离子数及化合物的"分子数"。

（3）分别指出晶体结构中每种质点（离子或原子）的配位数和配位多面体类型。

（4）绘出上述晶体中（100）、（010）、（001）、（110）及（111）面的质点排布。

四、思考题

（1）分别从立方密堆积和六方密堆积中找出立方面心晶胞和六方晶胞。

（2）从密堆积模型中找出"八面体空隙"和"四面体空隙"，并说明为何球体积∶四面体空隙体积∶八面体空隙体积＝1∶2∶1。

（3）画出 NaCl、CsCl、ZnS（立方）、CaF$_2$、Li$_2$O 晶胞中（100）、（110）、（111）面的原子排列图。

参 考 文 献

[1]　秦善.晶体学基础[M].北京:北京大学出版社,2004.

[2]　陈小明,蔡继文.单晶结构分析原理与实践[M].2 版.北京:科学出版社,2019.

[3]　黄昆.固体物理学[M].北京:北京大学出版社,2014.

实验三　固相反应动力学实验

一、实验目的

(1) 掌握热重分析法的原理,熟悉采用 TG 法研究固相反应的过程。

(2) 通过 Na_2CO_3-SiO_2 系统的反应验证固相反应的动力学规律——杨德尔方程。

(3) 通过作图计算出反应的速度常数和反应的表观活化能。

二、基本原理

固相反应是材料制备中一个重要的高温动力学过程,固体之间能否进行反应、反应完成的程度、反应过程的控制都会直接影响到材料的显微结构,并最终决定材料的性质。因此,研究固体之间反应的机理及动力学规律,无论是对传统还是新型无机非金属材料的生产都有重要的意义。

固相反应属于非均相反应,反应活性较低、反应速度较慢。描述其动力学规律的方程通常以转化率 G 与反应时间 t 之间的积分(微分)关系来表示,对于粉状反应物,常用的有杨德尔方程、金斯特林格方程等。杨德尔方程如下:

$$F(G) = [1 - (1 - G)^{1/3}]^2 = Kt$$

其中,转化率 G 为消耗掉的反应物量/原始反应物量。

Na_2CO_3-SiO_2 系统固相反应方程式为

$$Na_2CO_3 + SiO_2 =\!\!=\!\!= Na_2SiO_3 + CO_2 \uparrow$$

其中,恒温下测量不同反应时间 t 时失去的 CO_2 的质量,根据反应方程式可计算出消耗掉的 Na_2CO_3 的量,进而计算出其对应的转化率 G,来验证杨德尔方程。

杨德尔方程的速度常数

$$K = A\exp\left(\frac{-Q}{RT}\right)$$

其中,Q 为反应的表观活化能。若改变反应温度,则可通过杨德尔方程计算出不同温度下的 K 和 Q。

三、实验仪器和试剂

1. 仪器

HCT-2 型微机差热天平(北京恒久科学仪器厂)、铂金坩埚 2 只、不锈钢镊子

2 把。

2. 试剂

碳酸钠（Na_2CO_3，分析纯）、二氧化硅（SiO_2，分析纯）。

四、实验步骤

将碳酸钠和二氧化硅分别在玛瑙研钵中研细，过 250 目筛。将二氧化硅的筛下料在空气中加热至 800 ℃并保温 5 h。将碳酸钠的筛下料在 200 ℃烘箱中保温 4 h。把上述处理好的原料按 $NaCO_3$：SiO_2＝1∶1（摩尔比）配料，混合均匀，烘干，放入干燥器内备用。

开启电脑、差热天平，接通冷却水，将差热天平整机预热 30 min。抬起炉体，分别将参比样和准确称取的待测样品（一般小于或等于 10 mg）小心放置于热电偶板的左侧和右侧，放下炉体。拧紧炉体下方两个固定螺母。打开氮气瓶分压阀调节到 0.1 MPa 左右。调节仪器右侧气氛控制箱，使流量计指示到 35 mm 左右。在电脑上打开热分析软件，点击"新采集"，进入"参数设定"界面，输入所需要参数：在参数设定界面左侧输入"基本实验参数"，正确输入试样名称、实验序号、操作者姓名、试样质量等参数；在右侧输入"升温参数"，包括起始温度（输入数据应小于当前炉温约 10 ℃）、采样间隔、升温速率（10～20 ℃/min）、终止温度（700 ℃）、保温时间（30 min）等内容。按"确定"键开始采集数据。随时监控仪器运行状态，如遇异常情况，及时采取相应措施。

点击软件的"停止"按钮，结束采集数据，保存测试结果。将炉体抬起转到后侧，对炉体进行降温冷却。将样品坩埚取下洗净。待炉体冷却至室温后，采用不同的终止温度（750 ℃）和保温时间（30 min）重复上述测试。实验完毕，取出坩埚，待炉体冷却至室温后，将炉体套回热电偶上，关闭差热天平电源和冷却水电源，关闭气源。

五、实验结果与讨论

1. 数据记录

记录测量数据并按照表 3.1 所示项目计算。

表 3.1 实验数据记录表

终止温度后反应时间 t（min）	坩埚和样品质量 W_1（g）	CO_2累计失去质量 W_1（g）	Na_2CO_3转化率 G	$[1-(1-G)^{1/3}]^2$	K
0					
10					
20					
30					

2. 结果讨论

分别对 700 ℃ 和 750 ℃ 下的 $[1-(1-G)^{1/3}]^2$-t 作图，通过直线斜率求出反应的速度常数 K（700 ℃ 和 750 ℃ 时的反应速度常数），通过 700 ℃ 和 750 ℃ 的反应速度常数 K 和公式 $K = A\exp\left(\dfrac{-Q}{RT}\right)$ 求出反应的表观活化能 Q。

六、思考题

（1）要使一个多步反应过程在热重曲线上明晰可辨，应选择什么样的实验条件？

（2）温度对固相反应速率有何影响？其他影响因素有哪些？

（3）本实验中的失重规律是什么？

（4）影响本实验准确性的因素有哪些？

参 考 文 献

[1]　张联盟,黄学辉,宋晓岚.材料科学基础[M].武汉:武汉理工大学出版社,2011.

[2]　伍洪标,谢峻林,冯小平.无机非金属材料实验[M].北京:化学工业出版社,2019.

实验四　金相显微样品的制备及金相显微镜的使用

一、实验目的

(1) 掌握金相显微样品的制备过程和基本方法。

(2) 了解金相显微镜的基本原理和构造,掌握金相显微镜的正确使用方法。

二、实验原理

金相分析是研究材料内部组织结构和缺陷的主要方法之一,它在材料研究中占有重要的地位。利用金相显微镜将试样放大100~1500倍来研究材料内部组织的方法称为金相显微分析法,它是研究金属材料微观结构最基本的一种实验技术。显微分析可以研究材料内部的组织与其化学成分的关系;可以确定各类材料经不同加工及热处理后的显微组织;可以判别材料质量的优劣,如金属材料中诸如氧化物、硫化物等各种非金属夹杂物在显微组织中的大小、数量、分布情况及晶粒度的大小等。

在现代金相显微分析中,使用的仪器分为光学显微镜和电子显微镜两大类。本实验用光学金相显微镜来鉴别和分析材料内部的组织。

三、实验仪器和试剂

1. 仪器

TX-500V金相显微镜、抛光机、预磨机、吹风机、各号金相砂纸、抛光布、脱脂棉、滤纸。

2. 试剂

3%硝酸酒精腐蚀液、抛光剂、待检测试样。

四、实验步骤

1. 试样制备过程

金相试样制备过程一般包括取样、粗磨、细磨、抛光和浸蚀5个步骤。

(1) 取样

试样应根据被检验零件的特点选取有代表性的部位。

（2）粗磨

使用砂轮机进行,粗磨的目的主要有三点:

① 修整。有些试样,例如用锤击法敲下来的试样,形状不规则,必须经过粗磨,修整为形状规则的试样。

② 磨平。无论用什么方法取样,切口通常是不平滑的,为了将观察面磨平,同时去掉切割时产生的变形层,必须进行粗磨。

③ 倒角。在不影响观察目的的前提下,需将试样上的棱角磨掉,以免划破砂纸和抛光织物。

（3）细磨

粗磨后的试样磨面上仍有较粗、较深的磨痕,为了消除这些磨痕必须进行细磨。细磨可分为手工磨和机械磨两种。手工磨是将砂纸铺在玻璃板上,左手按住砂纸,右手握住试样在砂纸上做单向推磨。机械磨使用预磨机,可用电动机带动铺着水砂纸的圆盘转动,磨制时,将试样沿盘的径向来回移动,用力要均匀,边磨边用水冲。机械磨的磨削速度比手工磨制快得多,但平整度不够好,表面变形也比较严重,因此要求较高的试样或材质较软的试样还是要用手工磨制。

（4）抛光

抛光的目的是去除细磨遗留在磨面上的细微磨痕,得到光亮无痕的镜面。抛光的方法有机械抛光、电解抛光和化学抛光三种,其中最常用的是机械抛光。机械抛光在抛光机上进行,将抛光织物(粗抛常用帆布,精抛常用毛呢)用水浸湿、铺平、绷紧并固定在抛光盘上。启动开关使抛光盘逆时针转动,将适量的抛光液(氧化铝、氧化铬或氧化铁抛光粉加水的悬浮液)滴洒在盘上即可进行抛光。

（5）浸蚀

在金相显微镜下观察抛光后的试样可以看到光亮的磨面,如果有划痕、水迹、非金属夹杂物、石墨或裂纹等也可以看出来,但是要分析金相,对组织还必须进行浸蚀。常用的化学浸蚀法使用浸蚀剂对试样进行化学溶解和电化学浸蚀以将组织显露出来。待试样表面被浸蚀至略显灰暗时立刻取出,用流水冲洗后在浸蚀面上滴酒精,再用滤纸吸去过多的水和酒精,迅速用吹风机吹干,这样即完成了试样的制备。接下来可进行金相观察。

2. 试样的金相观察

根据观察试样所需的放大倍数要求,正确选配物镜和目镜,并打开电源开关。调节载物台中心,要与物镜中心对齐,将制备好的试样放在载物台中心,试样的观察表面应朝下。调节灯管至合适观察的亮度。转动粗调焦手轮,降低载物台,使试样观察表面接近物镜;然后反向转动粗调焦旋钮,升起载物台,使在目镜中可以看到模糊影像;最后转动微调焦手轮,至影像最清晰为止。调节过程中应该注意调节幅度,样品与物镜不要接触。适当调节孔径光阑和视场光阑,选用合适的滤镜片,以获得理想的物像。前后左右移动载物台,观察试样的不同部位,以便全面分析并找到最具代表性的显微组织。观察完毕后应及时切断电源,以延长灯泡使用寿命。实验结束后,取下金相样品,关闭电源,盖上防尘罩。

五、实验结果与讨论

根据实验结果,分析检测试样的金相组织特点。

六、思考题

(1) 制备金相显微样品的过程是怎样的?

(2) 磨制过程中的主要注意事项是什么?

(3) 浸蚀的作用是什么?

参 考 文 献

[1] 丰平,余海洲,戴雷,等.材料科学与工程基础实验教程[M].北京:国防工业出版社,2014.

[2] 赵玉珍.材料科学基础精选实验教程[M]. 北京:清华大学出版社,2018.

实验五　黏土离子交换容量的测定

一、实验目的

(1) 掌握测定黏土离子交换容量的方法。

(2) 熟悉鉴定黏土矿物组成的方法。

二、实验原理

分散在水溶液中的黏土胶粒带有电荷,不仅可以吸附反电荷离子,而且可以在不破坏黏土本身结构的情况下,与溶液中的其他离子进行交换。黏土的阳离子交换优先顺序为 $H^+ > Al^{3+} > Ba^{2+} > Sr^{2+} > Ca^{2+} > Mg^{2+} > NH_4^+ > K^+ > Na^+ > Li^+$。

黏土进行离子交换的能力（即交换容量,以"毫克当量/100 g 干黏土"表示）,随着矿物的不同而有所差异。所以,测得离子交换容量,可以作为鉴定黏土矿物组成的辅助方法,如高岭石为 3～15 毫克当量/100 g,蒙脱石为 80～150 毫克当量/100 g,伊利石为 10～40 毫克当量/100 g。

测定离子交换容量的方法很多,本实验采用钡黏土法。首先,以 $BaCl_2$ 或 $(CH_3COO)_2Ba$（醋酸钡）溶液冲洗黏土使其变成 Ba^{2+} 土,再用已知浓度的稀硫酸置换出被黏土吸附的 Ba^{2+},生成 $BaSO_4$ 沉淀,最后用已知浓度的 NaOH 溶液滴定过剩的稀硫酸,以 NaOH 消耗量计算黏土的交换容量。

三、实验仪器和试剂

1. 仪器

离心试管、离心机、滴定管、锥形瓶、烧杯、分析天平、移液管。

2. 试剂

黏土矿物试样、氯化钡（$BaCl_2$）或者醋酸钡（$(CH_3COO)_2Ba$）溶液（0.5 mol/L）、稀硫酸（H_2SO_4,0.025 mol/L）、氢氧化钠溶液（NaOH,0.05 mol/L）、酚酞溶液。

四、实验步骤

(1) 准确称取 0.3～0.5 g 黏土矿物试样,置于已知重量的干燥离心试管中,加 10 mL $BaCl_2$ 溶液充分搅动（约 1 min）,然后离心分离,吸出上清液。重复操作 2 次,加蒸馏水洗涤 2 次。

（2）小心地吸净上层清液,然后将离心管与湿土样在分析天平中称量,记录数据,算出湿度校正项 L。

（3）在称量后的土样中准确地加入 5 mL 稀硫酸(为准确起见用酸式滴定管加入),充分搅拌,放置数分钟,然后离心分离,小心将上层清液移入干烧杯,重复操作 3 次(共加入 15 mL 稀硫酸),合并上层清液。

（4）用移液管准确吸出 10 mL 上层清液置于锥形瓶中,滴加酚酞指示剂 3 滴,用 NaOH 溶液滴定,滴定至摇动 30 s 红色不消失为止。记下使用 NaOH 溶液的体积 V_2。

（5）吸取 10 mL 未经交换的 H_2SO_4 溶液,用同种的 NaOH 溶液进行滴定,记下所消耗的 NaOH 溶液体积 V_1。

五、实验结果与讨论

1. 数据记录

将实验数据填入表 5.1。

表 5.1　实验数据记录表

编号	空离心管质量(g)	离心管+干土质量 g_2(g)	试样质量(g)	离心管+湿土质量 g_1(g)	稀硫酸加入量(mL)	NaOH 溶液消耗量 V_2(mL)	NaOH 溶液消耗量 V_1(mL)

2. 结果讨论

按下式计算黏土的交换容量,并判断属于哪类黏土:

$$W = \frac{15 \cdot N \cdot V_1 - (15 + L) \cdot N \cdot V_2}{10 \cdot m} \times 100$$

式中, W 为黏土的交换容量(毫克当量/100 g);

N 为 NaOH 溶液当量浓度 （0.05 mol/L）;

V_1 为滴定 10 mL 未经交换的 H_2SO_4 溶液所需的 NaOH 溶液体积;

V_2 为滴定 10 mL 交换后的 H_2SO_4 溶液所需的 NaOH 溶液体积;

m 为土样质量(g);

L 为湿度校正项($L = g_1 - g_2$);

g_1 为湿土加离心管质量(g);

g_2 为干土加离心管质量(g)。

六、思考题

(1) 黏土产生阳离子交换的原理是什么?

(2) 在实验中为什么要进行湿度校正?

(3) 制成 Ba^{2+} 土后要用水洗涤过多的 $BaCl_2$,试问冲洗次数是否受限制?

(4) H^+ 为阳离子交换序首位,为什么不直接用 H_2SO_4 制成 H^+ 土?

参 考 文 献

[1] 张联盟,黄学辉,宋晓岚.材料科学基础[M].武汉:武汉理工大学出版社,2011.

[2] 伍洪标,谢峻林,冯小平.无机非金属材料实验[M].北京:化学工业出版社,2019.

实验六 黏土-水系统 ξ 电位的测定

一、实验目的

(1) 掌握用电泳法测定黏土胶粒 ξ 电位的操作方法。
(2) 验证黏土粒子的荷电性,观察黏土胶粒的电泳现象。
(3) 掌握分析加入不同浓度的电解质对 ξ 电位的影响。

二、实验原理

黏土胶体系统的分散相为高度分散的黏土粒子,这些黏土粒子都带有电荷,将胶体溶液放在直流电场中,就可以判断带电荷的胶体颗粒所带电荷的符号。如图 6.1 所示,当黏土胶粒分散在水中时,在胶体颗粒和液相的界面上就存在双电层结构。黏土粒子(胶核)对水化阳离子的吸附随黏土粒子与阳离子之间距离的增大而减弱。在外电场作用下,黏土粒子与一部分吸附牢固的水化阳离子一起移动,这部分水化阳离子膜称为吸附层;而另一部分水化阳离子,则在外电场作用下向相反方向移动,这部分称为扩散层。吸附层与扩散层各带相反电荷,相对移动时两者之间存在电位差,这个电位差称动电位或 ξ 电位。即当胶粒对均匀的液相介质做相对移动时,所测出的电位差为动电位或 ξ 电位。

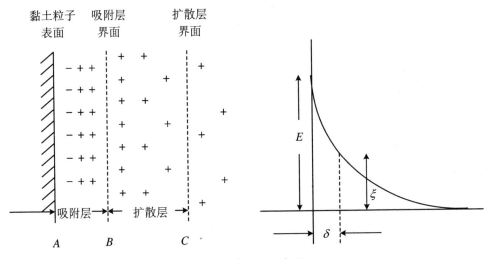

图 6.1 ξ 电位示意图

影响黏土胶粒 ζ 电位的因素主要是黏土本身的状况(结构、有机质的含量)、系统中电解质的种类和浓度。加入适当浓度的电解质(Na_2CO_3 或 Na_2SiO_3 等),ζ 电位也随之发生明显变化:在浓度极小时,ζ 电位是增加的,但是很快 ζ 电位达到最高。若继续提高电解质浓度,由于吸附层内阳离子增多,扩散层变薄,ζ 电位降低。此时胶粒间斥力减小,泥浆失去稳定性,引起聚沉。

ζ 电位通常可以用电泳法或电渗法测量,本实验采用电泳法。电泳法为通过观察胶体溶液与辅助溶液界面在直流电场中移动的速度来测定胶体的 ζ 电位的方法。因为此处界面的移动即是胶体在液体中移动所致。若实验测得界面在 t s 内移动了 s cm,则电泳速度(即迁移速度)为

$$u = \frac{s}{tH}$$

式中,H 为平均电位梯度,即

$$H = \frac{V}{300L}$$

式中,V 为所加电压,L 为 U 形管内的导电距离。

由于 u 已知,即可按公式计算 ζ 电位的数值:

$$\xi = \frac{4\pi\eta}{D}u \quad (绝对静电单位)$$

或

$$\xi = \frac{4\pi\eta}{D}u \cdot 300$$

式中,ζ 的单位是 V;

D 是液体的介电常数,单位为 m/F;

η 是液体的黏度单位为 Pa·s:

$$D_{20水} = 81 \text{ F/m}$$
$$\eta_{20水} = 0.010\,05 \text{ Pa·s}$$
$$\eta_{25水} = 0.008\,94 \text{ Pa·s}$$

三、实验仪器与试剂

1. 仪器

YJ32-1 型直流稳压电源、单盘电光分析天平、TN-100B 型托盘式扭力天平、秒表、电泳管、量杯(100 mL)、烧杯(1 000 mL、200 mL、100 mL)、玻璃搅拌棒。

2. 试剂

Na_2CO_3。

实验装置如图 6.2 所示。

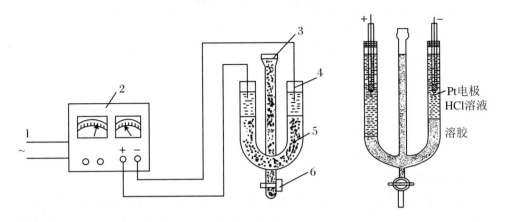

图6.2　电泳实验装置
1. 交流电源；2. 直流稳压电源；3. 注浆；4. 铂电极；5. 黏土泥浆；6. 旋塞

四、实验步骤

1. 泥浆制备

称取若干黏土加在盛有适量水（3倍于黏土）及磨球的球磨罐内，研磨24 h以上即可制得泥浆。

2. 黏土胶粒ζ电位的测定

先将水加入U形管至距刻度还有0.5 mm处；再将泥浆加入盛有一定量水的U形管内至距刻度5 mm处（切勿使界面混浊）；将铂金电极插入U形管两端口内；将线路接好，经教师检验合格后，合闸供电；然后按秒表计时，观察第5 min时U形管内界面刻度的变化，并记录。

3. 加电解质后ζ电位的测定

分别以电解质Na_2CO_3含量约为25%、50%、100%（即将0.7～0.8 g Na_2CO_3全部加入80 mL泥浆中的浓度）的泥浆重复步骤2进行实验，观察不同浓度的电解质对ζ电位的影响。

五、实验结果与讨论

1. 数据记录

将实验数据填入表6.1。

表 6.1 实验结果记录表

测试点	位移 I (cm)			位移 II (cm)			平均位移 s(cm)
	起始点	终点	位移 s_I	起始点	终点	位移 s_{II}	
1							
2							
3							
4							

2. 结果讨论

按 ζ 电位计算公式,计算 ζ 电位值,将各次实验值进行比较,按电解质浓度由小到大顺序填写计算结果(表 6.2),再用坐标纸绘出电解质用量与 ζ 电位的关系图,分析电解质加入量对 ζ 电位的影响。

表 6.2 ζ 电位计算结果记录表

Na_2CO_3 (g/100 mL)	电泳 s_I (cm)	电泳 s_{II} (cm)	平均 s (cm)	H	u	ζ 电位 (V)	电压 (V)

六、思考题

(1) 黏土胶团的结构如何?

(2) 外加电解质的浓度对 ζ 电位的影响如何?

(3) 本实验所用测定 ζ 电位的方法可能引起的误差有哪些?

(4) 决定电泳速度快慢的因素有哪些?

参 考 文 献

[1] 伍洪标,谢峻林,冯小平.无机非金属材料实验[M].北京:化学工业出版社,2019.
[2] 陈远道,陈贞干,左成钢.无机非金属材料综合实验[M].湘潭:湘潭大学出版社,2013.

实验七 X 射线衍射仪的构造、原理及操作使用

一、实验目的

(1) 了解 X 射线衍射仪的构造。

(2) 掌握 X 射线衍射仪的工作原理。

(3) 掌握 X 射线衍射仪所用分析样品的制备方法。

(4) 掌握 Smartlab SE 型 X 射线衍射仪的操作使用方法。

二、实验原理

X 射线衍射仪适用于对物质微观结构的各种测试、分析和研究,多应用于材料、化学、化工、机械、地质、矿物、冶金、建材、陶瓷、石化、药物及高科技材料研究等领域。用于对单晶、多晶和非晶样品的结构分析,如物相定性行业定量分析、衍射谱图指标化及点阵参数测定、晶粒尺寸及点阵畸变测定、衍射图谱拟合修正晶体结构、残余应力测定、结晶度、薄膜测定等。

1. X 射线衍射仪的构造与原理

X 射线衍射仪的型号多种,用途各异,但其基本构成大多相似,主要部件包括以下 4 部分:

(1) 高稳定度 X 射线源。

提供测量所需的 X 射线,改变 X 射线管阳极靶材质即可改变 X 射线的波长,调节阳极电压即可控制 X 射线源的强度。

(2) 样品及样品位置取向的调整机构系统。

(3) X 射线检测器。

检测衍射强度或同时检测衍射方向,通过仪器测量记录系统或计算机处理系统可以得到多晶衍射图谱数据。

(4) 衍射图的处理分析系统。

现代 X 射线衍射仪都附带安装有专用衍射图处理分析软件的计算机系统,它们的特点是自动化和智能化。除此之外,还包含循环水冷却装置、各种电气系统、保护系统等。

X 射线管即 X 光管,是 X 射线衍射仪的核心部件。按其特点可分为:封闭式

X光管、可拆式X光管、旋转阳极X光管、细聚焦X光管。X光管的靶材料有Cr、Fe、Co、Ni、Cu、Mo、Ag和W等,其中以Cu靶用得最多。目前,日本理学公司已经推出了双阳极靶(Cu-Mo)。

2. 测角仪的构造及光路系统

测角仪是X射线衍射仪的核心部件,它是用来实现衍射、进行测量和记录各衍射线的布拉格角、强度、线形等的一种衍射测量装置。日本理学公司生产的Smartlab SE型X射线衍射仪搭载了水平放置样品的θ-θ型测角仪。测角仪的结构及工作原理如图7.1所示。

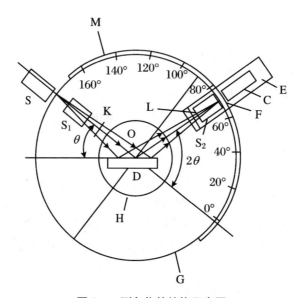

图7.1 测角仪的结构示意图

C-计数管;S_1、S_2-梭拉缝;D-样品;E-支架;K、L-狭缝光阑;F-接收光阑;G-测角仪圆;H-样品台;O-测角仪中心轴;S-X射线源;M-刻度盘

3. 探测与记录系统

目前在衍射仪上广为使用的辐射探测器(又称计数管)有3种,即正比计数器、闪烁计数器和硅渗锂Si(Li)探测器,其他的探测器还包括盖革管、位敏探测器等。目前Smartlab SE型X射线衍射仪搭载了D/teX Ultra 250高速一维探测器或HyPix-400二维半导体阵列检测器。从辐射探测器出来的脉冲电压幅值很小,一般为毫伏量级或更小,因而需经过前置放大器线性放大后再输入数据处理系统。系统包括脉冲高度分析器、定标器、脉冲速率计和记录输出设备。

四、实验步骤与要求

1. 样品制备

在玛瑙研钵中将被测样品研磨成粒度在10 μm左右的细粉。将适量研磨好的试样粉末填入样品板的凹槽中,使粉末试样在凹槽里均匀分布,并用平整光滑的玻片将其压紧;将槽外或高出样品架的多余粉末刮去,然后再次将样品压平实,使样品表面与样品板平面平齐。

2. 测量方式和实验参数的选择

(1)狭缝的选择。

发散光阑决定了照射面积,选择原则是在不让 X 射线照射区超过试样范围的情况下采用尽可能大的发散光阑。这样照射范围大,X 射线照射衍射强度高。由于低角度时照射区域大,所以选择狭缝宽度应以低角度照射区为基准。选择宽度大的狭缝可以获得高的 X 射线衍射强度,但分辨率会降低。若希望提高分辨率则应选择宽度小的狭缝。

(2)采样时间的选择。

馈入 RC 电路的输出电压相对于脉冲有一个滞后过程,滞后时间由 RC 乘积值决定,RC 称为时间常数。当选择过大 RC 时,衍射花样曲线平滑,灵敏度下降;选择过小 RC 时,虽然灵敏度提高了,但衍射图像曲线抖动过大,会给分析带来不便。通常选择时间常数 RC 值小于或等于接收狭缝的时间宽度的1/2。时间宽度是指狭缝转过自身宽度所需的时间,这样的选择可以获得高分辨率的衍射线峰形。

(3)扫描速度的选择。

扫描速度是指探测器在测角仪圆周上匀速转动的角速度。扫描速度对衍射结果的影响与时间常数类似。扫描速度越快,衍射线强度越低,衍射峰会越向扫描方向偏移,分辨率下降,一些弱峰会被掩盖而丢失。但过低的扫描速度也是不可取的。

3. 衍射仪操作

启动计算机,开启水冷机,打开衍射仪电源开关。双击计算机桌面"Smartlab Studio Ⅱ"图标,启动 X 射线衍射仪控制系统。按规定步骤和时间逐步开启 X 射线,执行老化,调整光路。将填入了样品的样品板水平地插入样品台,关好仪器门。根据样品和测试要求设定扫描条件,设置文件名、格式及保存路径并点"Save"保存。点"Run"开始样品测试。在样品测试结束后,取出试样,按规定步骤和时间逐步降低电压、电流,关闭 X 射线,等待 10 min,关闭水冷机、关闭仪器。

四、思考题

(1)布拉格公式($2d\sin\theta = n\lambda$)中的 d、θ、λ 各代表什么?

(2)制备粉末样品要注意什么?

参 考 文 献

[1]　郭立伟,朱艳,戴鸿滨.现代材料分析测试方法[M].北京:北京大学出版社,2014.

[2]　杨梨容,刘畅.材料现代测试方法实验[M]. 北京:化学工业出版社,2017.

[3]　刘强春.材料现代分析方法实验[M].合肥:中国科学技术大学出版社,2018.

实验八　X射线衍射技术与物相定性分析

一、实验目的

(1) 掌握使用X射线衍射仪进行物相分析的基本原理和实验方法。

(2) 掌握物相分析中衍射数据的处理方法。

(3) 掌握物相分析的过程与步骤。

二、实验原理

X射线入射晶体时,作用于束缚较紧的电子,电子发生晶格振动,向空间辐射与入射波频率相同的电磁波(散射波),于是该电子成了新的辐射源,所有的电子的散射波均可看成是由原子中心发出的,这样每个原子就都成了发射源,它们向空间发射与入射波频率相同的散射波。由于这些散射波的频率相同,在空间将发生干涉,在某些固定方向将得到增强或者减弱甚至消失,产生衍射现象,形成了波的干涉图案,即衍射花样。当X射线以θ角入射到原子表面并以θ角散射时,相距为a的两原子散射X射线的光程差为

$$\delta = a(\cos\theta - \cos\theta) = 0$$

表明相邻原子之间无光程差,可以同相位干涉加强。但是X射线有强的穿透能力,在X射线作用下晶体的散射线来自若干层原子面,除同一层原子面的散射线互相干涉外,各原子面的散射线之间还要互相干涉。图8.1表示两相邻原子面的散射波的干涉,它们的光程差为

$$\delta = CB + BD = d\sin\theta + d\sin\theta = 2d\sin\theta$$

当光程差等于波长的整数倍时,相邻原子面散射波干涉加强,即干涉加强条件为

$$2d\sin\theta = n\lambda$$

这就是布拉格方程,式中,λ是X射线的波长;θ是衍射角;d是结晶面间隔;n是整数。

根据已知的X射线波长λ和测量出的衍射角θ,通过布拉格方程计算出晶面间距d。

X射线物相分析是以晶体结构为基础,通过比较晶体衍射花样来进行分析的。X射线衍射花样反映了晶体中的晶胞大小、点阵类型、原子种类、原子数目和原子

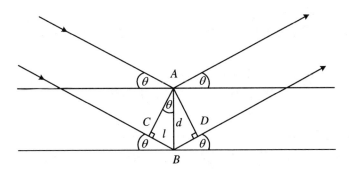

图 8.1　布拉格衍射示意图

排列等规律。每种物相均有自己特定的结构参数,因而表现出不同的衍射特征,即衍射线的数目、峰位和强度。即使该物相存在于混合物中,也不会改变其衍射花样。尽管物相种类繁多,却没有两种衍射花样特征完全相同的物相,这类似于人的指纹。因此,将被测物质的 X 射线衍射谱线对应的 d 值及计数器测出的 X 射线相对强度相对 I 与已知物相特有的 X 射线衍射 d 值及相对 I 进行对比,来确定被测物质的物相组成。物相定性分析所使用的已知物相的衍射数据(d 值以及相对 I 值等)已编辑成卡片出版,即 PDF 卡片。如果 d 和相对 I 可以很好地对应,则认为卡片所代表的物相为待测物的物相。

三、实验步骤

(1) 在玻璃试样架槽中将氧化铝粉末制成试样,并且用玻璃片将氧化铝粉末压实,原则是少量多次,且要压出一个平面。

(2) 将制好的试样水平地放置在衍射仪中。在衍射仪工作过程中,会有大量 X 射线放出,可对人体造成损害,所以测试时一定要关上衍射仪的铅玻璃门。

(3) 在电脑上选择实验参数:扫描角度范围、扫描速度、电压、电流等。

(4) 设备开始工作,并在软件界面上实时显示得到的衍射峰。

(5) 用 Jade 软件分析和处理数据,用 Origin 软件绘制图像。

四、数据处理

物相检索也就是物相定性分析,其基本原理基于以下 3 条原则:

① 任何一种物相都有其特征的衍射谱。

② 任何两种物相的衍射谱不可能完全相同。

③ 多相样品的衍射峰是各物相的机械叠加。

因此,通过实验测量或理论计算,建立一个"已知物相的卡片库",将所测样品的图谱与 PDF 卡片库中的"标准卡片"一一对照就能检索出样品中的全部物相。

物相检索的步骤如下:

① 给出检索条件:包括检索子库(有机还是无机、矿物还是金属等等)、样品中

可能存在的元素等。

② 计算机按照给定的检索条件进行检索，将最可能存在的前 100 种物相列出一个表。

③ 从列表中检定出一定存在的物相。

一般来说，判断一个相是否存在要满足 3 个条件：

① 标准卡片中的峰位与测量峰的峰位是否匹配。换句话说，一般情况下在标准卡片中出现的峰的位置，样品谱中必须有相应的峰与之对应，即使 3 条强线对应得非常好，若有一条较强线位置明显没有出现衍射峰，也不能确定存在该相。但是，当样品存在明显的择优取向时除外，此时需要另外考虑择优取向问题。

② 标准卡片的峰强比与样品峰的峰强比要大致相同。但一般情况下，对于金属块状样品，由于择优取向存在，会导致峰强比差异较大。因此，峰强比仅可作参考。

③ 检索出来的物相包含的元素在样品中必须存在。如果检索出一个 FeO 相，但样品中却不可能存在 Fe，则即使其他条件完全吻合，也不能确定为样品中存在该相，此时可考虑样品中存在与 FeO 晶体结构类似的某相。当然，如果不能确定样品会不会受 Fe 污染，就得去做元素分析了。

具体步骤如下：

① 用 Jade 5.0 软件打开测量图谱，建立 PDF 卡片索引。

② 扣背底，在元素周期表中选择可能的化学元素。在 Search\Match 窗口中拖动可以进行全选，点击鼠标左键可以改变颜色。选中后，先全部变为红色，改变所选元素的颜色，限定元素种类：红色为排除，绿色为包括，灰色为可能，通常的做法是把可能的元素变成灰色。用化学成分逼近是比较好的办法。

③ 在检索结果列表中，根据谱线角度匹配情况，选择最匹配的 PDF 卡片作为物相鉴定结果。

④ 用 Origin 软件拟合实验时得到的"txt"格式数据，得到图形后，标上每一个峰所对应的晶面指数。

五、思考题

（1）物相鉴定的依据是什么？

（2）多相样品的物相定性分析存在哪些困难？

参 考 文 献

[1]　郭立伟,朱艳,戴鸿滨.现代材料分析测试方法[M].北京:北京大学出版社,2014.

[2]　杨梨容,刘畅.材料现代测试方法实验[M].北京:化学工业出版社,2017.

[3]　刘强春.材料现代分析测试方法实验[M].合肥:中国科学技术大学出版社,2018.

实验九　硅酸盐矿物红外光谱定性分析

一、实验目的

(1) 掌握红外光谱仪的工作原理及正确的操作方法。

(2) 掌握不同结构硅酸盐矿物红外光谱特征

二、实验原理

红外光是一种波长介于可见光区和微波区之间的电磁波谱,波长为 $0.75\sim1\,000\,\mu m$。通常又把这个波段分成 3 个区域,即近红外区:波长 $0.75\sim2.5\,\mu m$(波数 $13\,300\sim4\,000\,cm^{-1}$),又称泛频区;中红外区:波长 $2.5\sim50\,\mu m$(波数 $4\,000\sim200\,cm^{-1}$),又称振动区;远红外区:波长 $50\sim1\,000\,\mu m$(波数在 $200\sim10\,cm^{-1}$),又称转动区。其中红外区是研究、应用最多的区域。用红外光谱对矿物进行定性分析,可以鉴定其为何种物质,另外可以进一步确定结构并进行较深入的分析。以红外光谱定性分析无机非金属矿物的一般方法如下:

1. 分析特征谱带特征与标准谱图对照

因无机物阴离子团的振动波数通常在 $1\,500\,cm^{-1}$ 以下,所以用已知标准物对照、分析所有谱带数目、各个谱带位置和强度,不必像鉴定有机化合物那样把谱带划分为若干区域,再依次确定每一个谱带位置及相对强度,特别是最强谱带的位置;而只需要根据待测样品的来源、物理常数、分子式以及谱图中的特征谱带,查对标准谱图来确定化合物即可。常用标准图谱集为萨特勒红外标准图谱集。

2. 未知非金属矿物分析

如果待测矿物情况完全未知,则在进行红外光谱分析之前,要对样品做必要的准备工作和了解其基本性状,例如矿物的外观、晶态或非晶态和化学成分、是否有结晶水等。

本实验研究对象为结构单元为硅氧四面体阴离子基团的硅酸盐矿物,SiO_4 四面体之间可以有不同形式和不同程度的结合,其他阳离子既可以取代 Si 进入四面体,也可以成为连接四面体的离子,其对硅氧四面体阴离子振动有一定的影响,分别以正硅酸盐、层状硅酸盐和架状硅酸盐模式,对 Si—O,Si—O—Si,O—Si—O 以及 M—O—Si 等多种振动模式进行分析。

三、实验仪器与试剂

1. 仪器

傅里叶红外光谱仪(IS10 型)、手压式压片机(包括压模等)、玛瑙研钵、红外灯。

2. 试剂

石英粉、高岭土、云母、莫来石、溴化钾(KBr,A.R.)、无水乙醇(A.R.)。

四、实验步骤

1. 固体样品的制备

将 $1\sim2$ mg 试样与 $70\sim100$ mg 纯 KBr 研细混合均匀,置于模具中,在压片机上压成透明薄片,等待测定。试样和 KBr 都应经干燥处理,研磨到粒度小于 $2\ \mu m$,以避免散射光影响。此法非常简便,样品片也可长期保存。

2. 样品的测试

将制好的样品用夹具夹好,放入仪器内的固定支架上进行测定,样品测定前要先测定本底。按工作站操作说明书进行测试操作和谱图处理,主要包括输入样品编号、测量、基线校正、谱峰标定等。测量结束后,用无水乙醇将研钵、压片器具洗干净,烘干后存放于干燥器中保存。

五、实验结果与讨论

(1) 分析石英粉的红外光谱。

(2) 分析高岭土的红外光谱。

(3) 分析云母的红外光谱。

(4) 分析莫来石的红外光谱。

六、思考题

(1) 研磨不在红外灯下操作,谱图上会出现什么情况?

(2) 石英粉、高岭土、云母、莫来石矿物 SiO_4 四面体阴离子红外光谱异同点及原因是什么?

参 考 文 献

[1] 杨南如.无机非金属材料测试方法[M].武汉:武汉理工大学出版社,2007.

[2] 吴瑾光.近代傅里叶变换红外光谱技术及应用[M].北京:科学技术文献出版社,1994.

实验十　热重-差热分析判断硅酸盐矿物中水的状态

一、实验目的

(1) 掌握差热分析法的基本原理。
(2) 了解热分析仪的结构,掌握仪器的基本操作方法。
(3) 利用热分析技术研究硅酸盐矿物中水的状态。

二、实验原理

热分析是在程序控制温度下测量物质的物理性质与温度关系的一类技术。程序控制温度一般是指线性升温或线性降温,也包括恒温、循环或非线性升温、降温。物质性质包括质量、温度、热焓变化、尺寸、机械特性、声学特性、电学和磁学特性等。

在热分析技术中,热重法是指在程序控制温度下,测量物质质量与温度关系的一种技术,被测参数为质量,检测装置为"热天平",热重法测试得到的曲线称为热重曲线(TG)。热重曲线以质量作为纵坐标,也可以用质量、总质量减少的百分数、质量剩余百分数或分解分数表示,曲线从上往下表示质量减少;以温度(或时间)作横坐标,从左向右表示温度(或时间)增加。所得到的质量变化与温度(或时间)的关系曲线则称之为热重曲线。

差热分析(DTA)是在程序控制温度下,测量物质与参比物之间的温度差与温度函数关系的一种技术,只要被测物质在所用的温度范围内具有热活性,则热效应联系着物理或化学变化,在所记录的差热曲线上呈现一系列的热效应峰,峰的位置由物质的化学组成的晶体结构所决定,而峰面积则与发生反应时所放出的能量有关。

差热分析曲线(DTA曲线)是描述样品与参比物之间的温度差随时间或温度的变化关系。样品温度的变化是由于相转变或反应的吸热或放热效应引起的,如,相转变、熔化、结晶结构的转变、沸腾、升华、蒸发、脱氢反应、断裂或分解反应、氧化或还原反应、晶格结构的破坏和其他化学反应。

一般说来,相转变、脱氢还原和一些分解反应产生吸热效应,而结晶、氧化和一些分解反应产生放热效应。这些化学或物理变化过程所引起的温度变化可通过差示技术检测。

三、实验仪器与试样

1. 仪器

STA449 型热分析仪、电子天平、氧化铝坩埚、镊子、小勺。

2. 试样

硅藻土、高岭土、滑石粉等。

四、实验步骤

将气瓶出口压力调节至 $0.2\sim0.5$ MPa，提前半小时开启使气流保持畅通。调节气体流量，使吹扫气/样品气流速为 $20\sim50$ mL/min；天平保护气流速为 $10\sim20$ mL/min。依次打开稳压电源开关、热分析仪开关、工作站开关，同时开启计算机和打印机。

用电子天平准确称量已装入占坩埚 $1/3\sim1/2$ 高度的样品($5\sim20$ mg)，按热分析仪面板控制键，炉子升起，将样品托板拨至炉子磁体端口。为避免操作失误导致杂物落入加热炉，在打开炉子操作时，一定要将样品托板拨至热电偶下。用镊子取一只空坩埚，将试样坩埚放到样品支持皿位置，将参比物坩埚放在参比皿位置，移开样品托板，按键放下炉子。待天平稳定后，仪器自动扣减坩埚自重。

进入操作软件界面，依次输入测量序号、样品名称、样品质量、坩埚质量、气氛、操作者姓名等。打开温度校正文件和灵敏度校正文件，设定初始温度、终止温度和升温速率、采样速率。打开气体阀门开关。在对话界面，依次点击初始化、清零、开始。

当试样达到预设的终止温度时，测量自动停止。待炉温降下来后再依次关闭工作站开关、电脑开关、稳压电源开关，关闭冷却水，关闭气瓶。为了保护仪器，炉温在 200 ℃ 以上时不得关闭仪器主机电源。

进入仪器分析软件界面，打开测试文件夹，对原始 TG 和 DTA 记录曲线进行适当处理，可对其求导，得到 DTG 曲线。选定每个台阶或峰的起止位置，算出各个反应阶段的 TG 失重百分比、失重始温、终温、失重速率最大点温度等。DTA 又可选择项目进行分析，如切线求反应外推起始点、峰值、峰高、峰面积等。最后保存数据，打印出曲线图。

五、实验结果与讨论

(1) 硅藻土的热重-差热分析。

(2) 高岭土的热重-差热分析。

(3) 滑石粉的热重-差热分析。

六、思考题

（1）影响差热分析结果的主要因素有哪些?

（2）根据上述样品的 TG 和 DTG 曲线分析、讨论,水在不同硅酸盐矿物中的状态差异是怎样的。

参 考 文 献

[1]　俞瀚,黄清明,汪炳叔.材料测试分析综合实验教程[M].北京:化学工业出版社,2021.

[2]　郭立伟,朱艳,戴鸿滨.现代材料分析测试方法[M].北京:北京大学出版社,2014.

[3]　杨梨容,刘畅.材料现代测试方法实验[M].北京:化学工业出版社,2017.

实验十一　材料的紫外-可见光漫反射光谱测定

一、实验目的

(1) 掌握紫外-可见光漫反射光谱测定的基本原理。
(2) 掌握粉体材料漫反射光谱测定的方法。

二、实验原理

光吸收率是材料的一个基本参数,对其的测量在材料的应用中非常重要。另外,研究固体的光吸收,可以直接获得有关电子能带结构、杂质缺陷态、原子的振动等多方面的信息。光吸收率的测试对工业应用和科学研究均具有重要的意义。

粉体材料由于光散射强烈,所以常采用测量漫反射光谱的方法来分析其光吸收特性。通常采用紫外可见分光光度计并结合积分球来测试漫反射光谱。光源的光经过单色仪筛选出某一波长的单色光,照射进积分球的样品表面,漫反射光经积分球收集后,由光探测器记录光强。与标准样品(无吸收,反射率100%)进行对比,反射率下降的部分即是由样品吸收所引起的,从而可以间接给出粉体材料内部的光吸收特性。

三、实验仪器与试样

1. 仪器
UV-3900紫外可见分光光度计、积分球、样品池、药匙。

2. 试样
氧化钛粉体、钛酸钡粉体、氧化锆粉体。

四、实验步骤

将待测样品装入样品池。先将参比标准样品放置在测试位置,关闭样品仓盖子,开启电脑,仪器初始化,点击桌面"UVProb"项,弹出窗口中点击"Scan",在"Scan"测试窗口内,点击"设置"按钮,输入设计参数。选择"基线"按钮,进行基线校正。移走参比标准样品,盖好样品仓盖子,进行零点校正,放入待测样品,开始测试,存储文件(选择需要的类型)。

测试完毕,将参比标准样品放回测试位置,关闭样品仓盖子,关闭电脑和仪器。

五、实验结果与讨论

(1) 紫外-可见光漫反射光谱法测定氧化钛粉体。
(2) 紫外-可见光漫反射光谱法测定钛酸钡粉体。
(3) 紫外-可见光漫反射光谱法测定氧化锆粉体。

六、思考题

(1) 紫外-可见光漫反射的基本原理是什么?
(2) 计算半导体材料带隙时应注意什么问题?

参　考　文　献

[1] 吴音,刘蓉翾.新型无机非金属材料制备与性能测试表征[M].北京:清华大学出版社,2016.
[2] 刘强春.材料现代分析测试方法实验[M].合肥:中国科学技术大学出版社,2018.

实验十二　材料表面接触角的测定

一、实验目的

(1) 了解液体在固体表面的润湿过程以及接触角的含义。

(2) 了解接触角测定原理及其在材料科学领域的应用。

(3) 了解接触角测量仪的结构和工作原理。

二、实验原理

润湿是自然界以及生产、生活中常见的现象。通常将固-气界面被固-液界面所取代的过程称为润湿。将液体滴在固体表面上,由于性质不同,有的会铺展开来,有的则黏附在表面上成为平凸透镜状,这种现象称为润湿作用,前者称为铺展润湿,后者称为黏附润湿,如水滴在干净玻璃板上可以产生铺展润湿;如果液体不黏附而保持椭球状,则称为不润湿,如液态汞滴到玻璃板上或水滴到防水布上的情况。此外,如果是能被液体润湿的固体完全浸入该种液体之中,则称为浸湿。上述各种类型如图 12.1 所示。

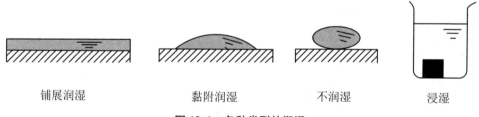

铻展润湿　　　　黏附润湿　　　　不润湿　　　　浸湿

图 12.1　各种类型的润湿

当液体与固体接触后,体系的自由能降低。因此,液体在固体上润湿程度的大小可用这一过程自由能降低的多少来衡量。在恒温、恒压下,当一液滴放置在固体平面上时,液滴能自动地在固体表面铺展开来,或以与固体表面成一定接触角的液滴存在,如图 12.1 所示。

假定不同的界面间力可用作用在界面方向的张力来表示,则当液滴在固体平面上处于平衡位置时,这些界面张力在水平方向上的分力之和应等于零,这个平衡关系就是著名的 Young 方程,即

$$\gamma_{SG} - \gamma_{SL} = \gamma_{LG}\cos\theta \tag{1}$$

式中，γ_{SG}，γ_{LG}，γ_{SL}分别为固-气、液-气和固-液界面张力；θ是在固、气、液三相交界处，自固体界面经液体内部到气-液界面的夹角称为接触角(图12.2)，在$0°\sim$180°之间。接触角是反应物质与液体润湿性关系的重要尺度。通常把$\theta=90°$作为润湿与否的界限，当$\theta>90°$时，称为不润湿，当$\theta<90°$时，称为润湿，θ越小润湿性能越好；当θ角等于零时，液体在固体表面上铺展，固体被完全润湿。

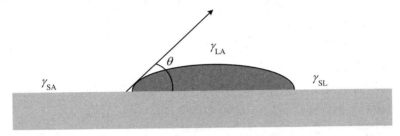

图 12.2　接触角示意图

接触角是表征液体在固体表面润湿性的重要参数之一，由它可了解液体在一定固体表面的润湿程度。接触角测定在矿物浮选、注水采油、洗涤、印染、焊接等方面有广泛的应用。决定和影响润湿作用和接触角的因素很多，如，固体和液体的性质及杂质、添加物的影响、固体表面的粗糙程度、不均匀性的影响、表面污染等。

测定接触角的方法很多，根据直接测定的物理量分为4大类：液滴角度测量法、液滴长度测量法、力测量法和透射测量法。其中，液滴角度测量法是最常用的，也是最直接的一类方法。它是在平整的固体表面上滴一滴小液滴，直接测量接触角的大小。为此，可用在低倍显微镜中装配的量角器测量，也可将液滴投影到屏幕上或拍摄成图像再用量角器测量。

三、实验仪器

JYC 000D1型接触角测量仪、微量注射器、载玻片。

四、实验步骤

1. 测试准备

接通接触角测试仪的电源，打开镜头盖；启动计算机并打开接触角测试软件。首先点击主菜单栏最上面的一行的"初始化"菜单，选择"打开摄像机"然后点击"图像采集"菜单，选择"活动图像"，屏幕显示出来采集到的实时图像。

2. 接触角测试

调整摄像头、样品台、背光亮度，以获得满意的图像。

(1) 操作样品升降平台。

① 左右移动移动样品：让样品位于镜头中间部位。

ⅰ. 测完一滴液体后，移动样品，在平行位置测第二滴液体，前后移动调整

接触角液体焦距,使拍摄的测试液体的图像更为清晰(注:可参考下面所述镜头调整);

ⅱ.测完一滴液体后,移动样品,在垂直位置测第二滴液体。

② 上下移动:

ⅰ.调整液体及样品台在镜头中的上下位置;

ⅱ.调整水平线,与测试界面中红色水平线保持一致。

(2) 操作微量进样装置。

① 调整针头位置,得到满意的图像;

② 转移微量液体(上下操作):旋转"液体注入调节旋钮"得到需要的液滴,然后慢慢旋动"微量进样装置"的上下移动旋钮,将"微量进样装置"的高度降低,直至液滴轻轻碰到被测固体样品后再慢慢将"微量进样装置"上移。

(3) 操作镜头 CCD 相机。

调整相机焦距及光圈大小,获得更清晰的成像。

3. 参数设置

为了获得较准确可靠的接触角值,在正式开始测试之前要对针管放大倍率及测试环境等参数进行设置。具体操作如下:

(1) 计算针管图像放大倍率:首先,调整光圈和焦距,将针头位置处于测试界面中心,单击"校正"菜单中的"垂直校正""水平校正"。之后,单击右上方"图像冻结"按钮。随后点击菜单栏"数据处理",选择"针管图像测放大倍率",会自动在测试界面右侧下方显示计算好的图像倍率。

(2) 设置测试环境参数:点击菜单栏"测试环境",选择"测试环境设置",弹出相应设置界面。软件默认测试环境是:液体为蒸馏水、固体为玻璃,如不需要修改,请按"确认"键保存设置,如需修改则在修改后按"确认"键。选择测试环境可以从系统内已有的数据中进行选择,也可以手动输入当前测试环境参数。完成所有测试环境参数设置后点击"确认"键,测试界面右侧下方自动显示修改好的测试环境相关信息。

(3) 分析接触角:尽量做到让液-固界面与软件预设水平线在同一水平面上,得到满意图像后按"图像冻结"键,此时可以进行接触角计算。点击"冻结图像"键后,点击菜单栏"图像文件"选择"图像保存";选择"图像打开"查阅已保存的图像进行分析。

实验结束,先关闭软件然后关闭接触角测量仪电源。

五、思考题

(1) 接触角测量仪使用过程中需要注意哪些细节?

(2) 影响接触角测定的因素有哪些?

参 考 文 献

［1］　伍洪标，谢峻林，冯小平.无机非金属材料实验［M］.北京：化学工业出版社，2019.

［1］　WAN X Z，XU X T，LIU X，et al. A wetting-enabled-transfer（WET）strategy for precise surface patterning of organohydrogels［J］. Adv. Mater，2021：2008557-2008567.

实验十三　材料的介电常数测定

一、实验目的

(1) 掌握介电常数的概念。
(2) 掌握介电常数仪的使用方法。

二、实验原理

介电常数 ε 又称为电容率，是电位移 D 与电场强度 E 之比

$$\varepsilon = \frac{D}{E}$$

式中，ε 的单位为 F/m。

介电常数小的电介质，其分子为非极性或弱极性结构；介电常数大的电介质，其分子为极性或强极性结构。介电常数是表征电介质的最基本的参量，是衡量电介质在电场下的极化行为或储存电荷能力的参数。

介电常数仪采用高频谐振法，并提供通用、多用途、多量程的阻抗测试（测量范围 0.01 Hz～200 MHz）模式，通过测量矢量电压-电流的比值来确定阻抗，进而获得网络、原件或者材料的介电常数和损耗角正切值。

三、实验仪器与试样

1. 仪器
介电常数仪。

2. 试样
片状且表面光滑的材料。

四、实验步骤

1. 样品制备
样品厚度需要处理成 1～10 mm，一般以 1～2 mm 为宜。样品的待测横截面积不得小于夹具上内侧圆形金属的面积，圆形金属的直径约为 4 cm。样品的两个待测面必须是两个平行的光滑平面，不能存在凹凸不平，否则仪器会把夹具与样品之间的空气的介电常数也计入样品的介电常数。

2. 样品调试

把夹具与介电常数仪连接好,要轻拿轻放,通过测量开路、短路、空气的介电常数来调试设备至运行正常,调试完成后即可进行样品的测试。

将待测样品放入样品台,然后调节夹具使样品固定完好,先粗调,再微调,点击"Measure MUT"选项开始测试,一般几秒钟就可得到结果,数据可以 Excel 格式文件保存。

五、实验结果与讨论

(1) 测试环境对材料的介电常数和节点损耗正切值有何影响?

(2) 样品厚度对测量介电常数有何影响?

参 考 文 献

[1] 中华人民共和国国家质量监督检验检疫总局,中国国家标准化管理委员会.热释电材料介电常数的测试方法:GB/T 11297.11—15[S].北京:中国标准出版社,2016:7.

[2] 伍洪标,谢峻林,冯小平.无机非金属材料实验[M].北京:化学工业出版社,2019.

[3] 张丰庆,车全德,岳雪涛.功能材料实验指导书[M].北京:化学工业出版社,2015.

实验十四　材料显微硬度的测定

一、实验目的

(1) 了解测定无机非金属材料显微硬度的意义。
(2) 了解影响无机非金属材料显微硬度的因素。
(3) 学习测定材料显微硬度的原理与方法。

二、实验原理

在材料研究中,经常要用到硬度数据,硬度测定的目的不只是用来表征所研究材料的使用性能,更是通过硬度实验获得材料的微观结构的有关信息。

硬度通常定义为材料抵御硬且尖锐的物体所施加的压力而导致的永久压痕的能力。材料的硬度是其重要的机械性能。测定无机非金属材料硬度的目的是为了检验材料抗磨蚀、耐刻划的能力。测定方法通常是在一定时间间隔里,施加一定比例的负荷,把一定形状的硬质压头压入所测材料表面,然后,测量压痕的深度或大小,以此计算硬度值。

三、实验仪器与样品

1. 仪器
显微硬度计。

2. 样品
成分均匀、表面结构细致、平整度好的物块。

四、实验步骤

选择成分均匀、表面结构细致和平整度良好的样品。打开电源开关,输入日期、试验力、延时保荷时间等参数。将待测样品块安放在载物台上,使其接近物镜。上升载物台,使物镜处于主体前方。缓慢微调焦距,直至在目镜中观察到试样表面的清晰成像。

将转换手柄逆时针转动,使压头主轴处于主体前方,让压头顶尖与焦平面间的间隙为 0.4～0.5 mm。按下"START"键,系统自动加载、保持、卸载。当试验力卸载后,下降载物台。转动转换手柄,使物镜处于主体前方,通过目镜测量两条压痕对角线长度。旋转测微镜右侧的鼓轮,当目镜内两刻度线处于无光缝状态时,按下"CL"键清零。转动左边鼓轮,使左边刻度线对准压痕一角,再转动右边鼓轮,使两线分离,让右边刻度线对准压痕另一角,按下输入按钮。转动右边鼓轮,用同样的方法测量试样另一部位显微硬度。打印输出测试结果。

五、实验结果与讨论

(1) 应选择成分均匀、表面结构细致和平整度好的样品用于测试。表面粗糙或平整度差的试样,压痕会或多或少地发生变形,引起误差。由于测定点较小,所以要选择材料表面结构细致均匀处为测定点,只有这样其测定结果才能代表材料的性能。

(2) 无机非金属材料由于质地硬而脆,不能使用过大的测定负荷,以免试样破碎而无法测量压痕的尺寸。测定负荷可参考文献资料,或自己通过实验确定。同样,由于无机非金属材料质地硬而脆,测定负荷的作用时间也要合适,否则测定结果会不理想。最佳作用时间可参考文献资料,或自己通过实验确定。

参 考 文 献

[1] 中华人民共和国国家质量监督检验检疫总局,中国国家标准化管理委员会.金属材料焊缝破坏性试验焊接接头显微硬度试验:GB/T 27552—2011[S].北京:中国标准出版社,2012:6.

[2] 中华人民共和国国家质量监督检验检疫总局,中国国家标准化管理委员会.烧结金属材料(不包括硬质合金)表观硬度和显微硬度的测定:GB/T 9097—2016[S].北京:中国标准出版社,2016:6.

[3] 中华人民共和国国家技术监督局.显微硬度计量器具检定系统:JJG 2025—1989[S].1999,7.

实验十五　粉体粒度分布的测定

一、实验目的

(1) 掌握测定粉体粒度分布的原理及方法。

(2) 了解影响测定粉体粒度分布结果的主要因素,掌握制备测试样品的步骤和注意事项。

(3) 学会对测定粉体粒度分布数据的处理及分析。

二、实验原理

粉体的粒度及其分布是粉体的重要性能,对材料的制备工艺、结构、性能均会产生重要的影响,凡采用粉体原料来制备材料的,必须对粉体粒度及其分布进行测定。测定粉体粒度的方法有许多种:筛分析法、显微镜法、沉降法和激光粒度法等。激光粒度法是当前应用最广泛的一种方法,它具有测试速度快、操作方便、重复性好、测试范围广等优点,是现代粒度测量的主要方法之一。

激光粒度法测定粒度时利用颗粒对激光产生衍射和散射的现象来测量颗粒群的粒度分布的,其基本原理为:激光经过透镜组扩束成具有一定直径的平行光,照射到测量样品池中的颗粒悬浮液时,产生衍射。傅氏(傅里叶)透镜会有一个聚焦作用,在透镜的后焦平面位置设有一个多元光电探测器,能将颗粒群衍射的光通量接收下来,光/电转换信号再经模/数转换,送至计算机处理。利用夫琅禾费衍射原理关于任意角度下衍射光强度与颗粒直径的公式计算,运用最小二乘法原理处理数据,最后得到颗粒群的粒度分布。

三、实验仪器

BT-2003 激光粒度分布仪、自动循环分散系统。

四、实验步骤

1. 测试准备

打开电脑、自动循环分散系统及激光粒度分析仪。激光粒度分析仪需预热半小时。填写"文件-数据库处置"信息。点击"下一步"进入"测试参数":选择合适的物质(如碳酸钙)、介质(水)等。再选择合适的分析模式。下一步点"常规测试"进入测试窗口。单击"进水"图标把循环池加满水,然后交替使用循环泵和超声波消除气泡(至少3次),再开启超声、循环。

2. 常规测试

(1) 背景:启动"测量-常规测试"测量系统背景。背景高度应在0.5~5格之间(1~4格最佳),横坐标长度小于20格,20格以后没有信号。点击"确认"后背景将被保存下来。

(2) 浓度:观察遮光率,一般应在10%~15%之间。

(3) 分散:超声分散3 min左右。

(4) 测试:点击"连续"按钮开始测试并显示结果。

(5) 保存和打印:点击"保存"或"打印"按钮,将结果保存到数据库里或打印出来,测试结束。

(6) 清洗:点击"自动清洗"图标清洗循环分散系统,然后准备进行下次测试。

3. 自动测试

(1) SOP设置:打开"文件-数据库处置"填好内容后点击"下一步"进入测试参数后点击"自动流程",设置里面的各项参数后点"确认"保存下来;点击"自动测试"进入自动测试窗口后即可进行自动测试。

(2) 自动测试:点击"自动测试"按钮,待提示加入样品时加入适量的样品(遮光率为10%~15%),随后系统将根据用户设定的测量参数自动完成测量过程中所有的操作,导出Excel格式的实验数据。

五、实验结果与处理

根据实验数据,使用作图软件制作粒度分布曲线,分析样品的粒度分布规律,并说明D_{10}、D_{50}、D_{90}的意义。

六、思考题

(1) 列举2~3个影响测试结果可靠性的因素。

(2) 激光粒度法测定粉体粒度的原理是什么?

参 考 文 献

[1] 盖国胜,陶珍东,丁明.粉体工程[M].北京:清华大学出版社,2009.

[2] 中华人民共和国国家质量监督检验检疫总局,中国国家标准化管理委员会.烧结金属材料(不包括硬质合金)表观硬度和显微硬度的测定:GB/T 9097—2016 [S]. 北京:中国标准出版社.2016:6.

[3] 中华人民共和国国家技术监督局.显微硬度计量器具检定系统.JJG 2025—1989 [S]. 1999:7.

[4] 杨玉芬,盖国胜.粉体加工与标准化先进粉体技术[M].北京:清华大学出版社. 2015.

实验十六　粉体的综合特性测试

一、实验目的

(1) 掌握粉体的性能及综合特性的测试方法。
(2) 掌握粉体综合特性测试仪的使用方法。

二、实验原理

粉体的综合特性包括:休止角、崩溃角、差角、平板角、滑动角、振实密度、松装密度、压缩度、分散度、孔隙率、匀齐度、凝集度、流动性指数、喷流性指数等。

1. 休止角

粉体堆积层的自由表面在静平衡状态下,与水平面形成的最大角度称为休止角。它是通过特定方式使粉体自然下落到特定平台上形成的。休止角对粉体的流动性影响最大,休止角越小,粉体的流动性越好。休止角也称安息角或自然坡度角等。

2. 崩溃角

测量完休止角后,给堆积的粉体以一定的外力冲击,这时堆积粉体的自由表面就会产生崩塌现象,崩塌后堆积粉体的表面与水平面之间的夹角称为崩溃角。崩溃角越小,粉体的流动性越好。

3. 差角

休止角与崩溃角之差称为差角。差角越大,粉体的飞溅性越强。

4. 平板角

将埋在自然堆积粉体中的平板向上垂直提起,粉体在平板的自由表面(斜面)和平板之间的夹角与受到一定冲击后的夹角的平均值称为平板角。平板角越小粉体的流动性越强。平板角一般大于休止角。平板角亦称为抹刀角。

5. 滑动角

将一定量的粉体置于光滑的平台上,倾斜该平台至粉体全部(或大部)滑落,此时平台与水平面的夹角称为粉体的滑动角。粉体的滑动角是评价粉体滑动性的重要指标,是设计漏斗或料仓的锥度、除尘输粉管道的倾斜角的依据,也是判断料仓是否需要加装振动器的依据。

6. 振实密度

以标准方法将颗粒填充到容器中,让容器按一定的振幅和频率上下振动,排出粉体中的空气,直到达到标准规定的时间或振动次数后刮平,这时的粉体质量与容积之比叫振实密度。振实密度反映粉体在排出空气后单位体积的容积所盛粉体的质量。松装密度和振实密度参数通常用于存储粉体的容器、袋及料仓的设计工作。

7. 松装密度

在标准规定的下落距离或状态下,粉体填满标准容器并刮平后质量与容积之比叫松装密度。它反映常规形态下单位体积的容器所盛装粉体的质量。

8. 压缩度

压缩度是指粉体的振实密度与松装密度之差与振实密度的百分比,反映两种状态下粉体体积减小的程度。压缩度越小,粉体的流动性越好。压缩度也称压缩率。

9. 分散度

将一定量的粉体从一定高度投下,飘散到接料盘外的量占所投粉体总量的百分比称为分散度。分散度就是粉体在空气中的飘散倾向。分散度与粉体的分散性、飘散性和飞溅性有关。如果分散度超过 50%,说明该样品具有很强的飘散倾向。

10. 孔隙率

孔隙率是指粉体中的空隙占粉体体积的百分比。孔隙率因粉体的颗粒粒径、形状、排列结构等因素的不同而变化。颗粒为球形时,粉体孔隙率为 40% 左右;颗粒为超细或不规则形状时,粉体孔隙率为 70%~80% 或更高。

11. 匀齐度

匀齐度是粒度分布的 D_{60} 和 D_{10} 的比值。

12. 凝集度

在使用标准筛给粉体特定的振动一定时间后,称取筛上残留团聚粉的质量进行计算。凝集度越大,粉体的流动性越差。凝集度适用于评价易团聚的细粉。

13. 流动性指数

流动性指数是将休止角、压缩度、平板角、均齐度或凝集度等项指数的加权求和得到的一组数值,用来综合评价粉体的流动性。流动性指数主要用来描述粉体在重力作用下自然流淌特性的强弱,范围是 0~100。

14. 喷流性指数

喷流性指数是流动性指数、崩溃角、差角、分散度等项指数的加权求和得到的一组数值,用来综合评价粉体的喷流性。喷流性指数主要描述粉体克服重力,在空间飞溅特性的强弱,范围是 0~100。

三、实验仪器与试剂

1. 仪器

BT-100 粉体综合特性测试仪。

2. 试剂

石英砂、碳酸钙、膨润土或者其他粉体均可。

四、实验步骤

1. 休止角的测定

(1) 放休止角组件:打开仪器门,将减振器放到仪器中央的定位孔中,减振器上面放上接料盘和休止角样品台。减振器、接料盘、休止角样品台上的3个红色标记点应在一条直线上且朝正前方。将水平仪放在休止角平台上,检测休止角平台的水平度,如不平,调整仪器底角螺丝,使休止角样品台的上平面基本处于水平状态。

(2) 加料:将仪器前门关上,准备好样品,将定时器调到 3 min 左右,打开振动筛盖和振动筛开关,用小勺将样品加到筛上。样品通过筛网,经过出料口散落到样品台上,形成锥体。

(3) 测量:当样品落满样品台并呈中心对称的圆锥体且在平台四周都有粉体落下时停止加料,关闭振动筛电源,调整量角器的高边和长边,并靠近料堆与圆锥形料堆的斜面贴合,量出并记录休止角 θ_{r1}。然后轻轻转动接料盘分别至 $120°$ 与 $240°$ 的位置并测量休止角 θ_{r2} 和 θ_{r3}。对上述 3 个角度进行平均,该平均值就是这个样品的休止角(θ_r)。休止角的计算方法如下:

$$\theta_r = \frac{\theta_{r1} + \theta_{r2} + \theta_{r3}}{3}$$

2. 崩溃角的测定

测完休止角后,轻轻提起样品台轴上的振子至卡销处,然后松开使振子自由落下,当振子落到底部时样品台发生振动,使平台上圆锥体样品粉体堆的自由表面崩塌下落,如此 3 次,然后再用测定休止角一样的方法测试 $0°$,$120°$,$240°$ 这 3 个方位上的角度 θ_{f1},θ_{f2} 和 θ_{f3},其平均值即为崩溃角(θ_f)。

3. 差角的计算

差角的计算公式如下:

$$\theta_d = \theta_r - \theta_f$$

式中,θ_d 为差角;

θ_r 为休止角;

θ_f 为崩溃角。

4. 平板角的测定

(1) 放置平板角组件:将接料盘放到测试室中心,在仪器右侧安装好升降手柄,顺时针搬动手柄升起升降台,将平板安装到测试室后面的立柱上端并固定在红色标记线处,拧紧平板顶丝将平板固定在立柱上。

(2) 用小勺将待测样品徐徐撒落在接料盘中至埋没平板,埋没平板的厚度在

20~30 mm 之间。加料时尽量使样品呈自然松散状,不要用勺压或整理接料盘中的样品堆积形状。

(3) 加完料后,逆时针转动升降台手柄使接料盘迅速分离平板组件并缓缓落下,这时用量角器测定平板上前、中、后 3 点的角度,并取平均值 θ_{s1}。测定 3 处角度时,3 个相邻测量点间的距离为 20 mm 左右。

(4) 将重锤提到立柱顶端,下落一次,冲击平板,用量角器测定步骤(3)中三处留在平板上的粉体所形成的角度,取平均值

(5) 平板角 θ_s 的计算方法如下:

$$\theta_s = \frac{\theta_{s1} + \theta_{s2}}{2}$$

5. 滑动角的测定与计算

(1) 将接料盘安装在仪器卡座上,滑动角平台放置在接料盘中心,将滑动角平台调整至水平。

(2) 在滑动角平台的上表面堆放 5~10 g 待测粉体,在平台的一侧用手缓慢转动平台,使平台倾斜,当平台上的粉体全部(或大部)滑落时,停止转动平台,调整量角器的高边和长边分别与平台斜面贴合,读出量角器角度。重复测定 3 次,每次取相同的粉体量,取 3 次的平均值,就是这个粉体的滑动角。

6. 非金属粉松装密度的测试与计算

(1) 将减振器、接料盘、通用松装密度垫环、称量后的 100 mL 密度容器安装好。

(2) 加料:将仪器前门关上,准备好样品,打开振动筛开关将定时器调到 3 min 左右。启动定时器,打开振动筛上盖,用小勺在加料口徐徐加料,物料通过筛网、出料口落入密度容器中。

(3) 当样品充满密度容器并溢出时要停止加料,关闭振动筛,用刮板将凸出的料刮去,取出密度容器,并用毛刷将外面的粉扫除干净,用天平称量容器与粉体的总质量。

(4) 松装密度的计算方法:连续重复测定 3 次。取 3 次的平均质量 G,密度容器的质量为 G_1(该质量应事先称量好),用下式计算松装密度 ρ_a:

$$\rho_a = \frac{G - G_1}{100}$$

(5) 金属粉松装密度的测试与计算:

① 将减振器、接料盘、金属粉松装密度支架、25 mL 密度容器、金属粉松装密度漏斗安装好。

② 加料:将仪器前门关上,准备好样品,打开振动筛开关,将定时器调到 3 min 左右。开启定时器,打开振动筛上盖,用小勺在加料口徐徐加料,使样品通过筛网、出料口下落。加料时可以根据样品流动性情况选择 5 mm 小孔的漏斗或 2.5 mm 小孔的漏斗。

③ 当样品充满密度容器并溢出时停止加料。关闭振动筛,用刮板将凸出的料刮去,取出密度容器,并用毛刷将外面的粉扫净,用天平称量容器与粉体的总质量。

④ 松装密度的计算方法:连续重复测定 3 次。取 3 次的平均质量 G,密度容器的质量为 G_1(该质量应事先称量好),用下式计算松装密度 ρ_a:

$$\rho_a = \frac{G - G_1}{25}$$

五、实验结果与讨论

(1)计算所测粉体的振实密度、松装密度、休止角、平板角、崩溃角。

(2)分析和比较所测粉体的流动性。

参 考 文 献

[1] 盖国胜,陶珍东,丁明.粉体工程[M].北京:清华大学出版社,2009.

[2] 周仕明,张鸣林.粉体工程导论[M].北京:科学出版社.2010.

[3] 杨玉芬,盖国胜.粉体加工与标准化先进粉体技术[M].北京:清华大学出版社.2015.

实验十七 粉体的球磨与表征

一、实验目的

(1) 了解行星式球磨机的工作原理。
(2) 掌握行星式球磨机的使用方法。

二、实验原理

行星球磨机的转盘上装有4个球磨罐,当转盘转动时,球磨罐在绕转盘轴公转的同时又绕自身轴反向做行星式自转运动,罐中磨球和材料在高速运动中相互碰撞、摩擦,可达到粉碎、研磨、混合与分散样品的目的。

三、实验仪器与试样

1. 仪器
ND8 可调摆动行星球磨机。

2. 试样
粒径为 0.1~1 mm 的二氧化硅颗粒或碳酸钙颗粒。

四、实验步骤

1. 研磨介质的确定

通常4个球磨罐的质量(罐+配球+试样+辅料)应基本一致,以保持运转平稳,减小振动引起的噪音,延长设备使用寿命。若样品不足,那么对称使用(只装2个罐)也可。试样直径通常为 1 mm 以下,固体颗粒一般不超过 3 mm,土壤颗粒允许 10 mm。装料最大容积(试样+配球+辅料)为球磨罐容积的2/3,余下的1/3作为运转空间。

为了获取最佳研磨效果,转速、球磨时间、配球(大、小球合理搭配)及试样大小、多少和辅料添加等参数要选择恰当。当罐盖磨出球的槽时,说明使用转速偏高,转速高时效率不一定高,应降速。研磨开始时,转速可高一些,研磨一段时间后(一般不超过 2 min),转速应降低一些,这样研磨效率更高。研磨效率的高低取决于配球、试样性质及颗粒的大小和质量、转速、运行方式是否搭配得当。为提高研磨效率与延长球磨机使用寿命,不需要也不应该将转速调得太高。

　　为获取最佳研磨效果,通常应搭配使用大、小球。大球用来配重与砸碎样品以及分散小球,小球用来混合及研磨样品。

　　2. 操作步骤

　　将已装好球、料的球磨罐正确安放在球磨机上,先将上方把手沿顺时针方向旋紧(注意用力适度),再将下方把手沿顺时针方向锁紧(锁紧螺母,防止螺杆松动发生意外),然后关上罩盖(不关闭罩盖,电机无法启动)。在控制器上设定运行方式,球磨机不定时单向运转,转速为每分钟180转。

　　按"方式"键进入"F113",按"设置"键确认,此刻面板以频率的方式显示转速,按住向上或者向下的三角形调到"30",按"设置"键确认。按"方式"键进入"F116",按"设置"键确认。按"方式"键进入"F117",按"设置"键确认。按"运行"键开始工作。程序结束球磨机会自动停止,或按红色开关中止运行。待机器停止运转后,取出球磨罐,关闭电源,结束工作。

五、实验结果与讨论

　　(1) 可调摆动行星球磨机与一般球磨机相比有哪些优点?
　　(2) 影响球磨机研磨效果的主要因素有哪些?

参 考 文 献

[1]　盖国胜,陶珍东,丁明.粉体工程[M].北京:清华大学出版社,2009.
[2]　周仕明,张鸣林.粉体工程导论[M].北京:科学出版社.2010.
[3]　杨玉芬,盖国胜.粉体加工与标准化先进粉体技术[M].北京:清华大学出版社.2015.

实验十八　粉体材料比表面积的测定

一、实验目的

(1) 掌握 BET 法测定粉体材料比表面积的基本原理和方法。
(2) 掌握氮气吸附/脱附曲线的绘制方法。
(3) 掌握 BET 多层吸附理论在测定粉体材料比表面积中的应用。

二、实验原理

气体吸附法是测定材料比表面积和孔径分布的常用方法,其原理是利用气体在固体表面的吸附特性。在一定的压力下,被测样品表面在超低温下对气体分子有可逆物理吸附作用,通过测定出一定压力下的平衡吸附量,利用理论模型可求出被测样品的比表面积和孔径分布等与物理吸附有关的物理量。其中氮气低温吸附法是测量粉体材料比表面积和孔径分布的比较成熟而且采用广泛的方法。在液氮温度下,氮气在固体表面的吸附量取决于氮气的相对压力(P/P_0),P 为氮气分压,P_0 为液氮温度下氮气的饱和蒸气压,当 P/P_0 为 0.05～0.35 时,吸附量与相对压力 P/P_0 符合 BET 方程,这是氮吸附法测定比表面积的依据;当 $P/P_0 \geqslant 0.4$ 时,由于会产生毛细凝聚现象,则氮气开始在微孔中凝聚,通过实验和理论分析,可以测定孔容-孔径分布(孔容随孔径的变化率)。

比表面积是多孔材料、超细粉体材料和催化剂的最重要物性之一,是单位体积的固体所具有的表面积,表示为

$$S_v = \frac{S}{V}$$

式中,S_v 为被测样品比表面积,单位为 m^2/m^3;

V 为被测样品体积,单位为 m^3;

S 为被测样品表面积,单位为 m^2。

计算比表面积一般采用 BET 公式。假设 V_d 为吸附量(体积),V_m 为单分子层的饱和吸附量,P/P_0 为 N_2 的相对压力,C 为第一层吸附热与凝聚热有关常数,P_0 为饱和蒸气压,W 为样品质量。则 BET 公式为

$$\frac{p}{V(p_0 - p)} = \frac{1}{V_m C} + \frac{C-1}{V_m C} \cdot \frac{P}{P_0}$$

式中,P 为氮气分压,单位为 Pa;

P_0 为吸附温度下液氮的饱和蒸气压,单位为 Pa;

V_m 为样品上形成单分子层需要的气体量,单位为 mL;

V 为被吸附气体的总体积,单位为 mL;

C 为与吸附有关的常数。

计算比表面积时,相对压力 P/P_0 一般选择在 0.05～0.35 内,仪器可以测得 V_d 值。根据上式将 $P/V_d(P_0 - P)$ 对 P/P_0 作图,得到一条直线,此直线斜率 a 如下:

$$a = \frac{C-1}{V_m C}$$

截距为

$$b = \frac{1}{V_m C}$$

最后,根据分子截面积及阿伏伽德罗常数可推算出样品的比表面积:

$$S_g = 6.023 \times 10^{23} \, n_m A_m$$

式中,S_g 为比表面积;

n_m 为每克吸附剂所吸附的吸附质的摩尔数;

A_m 为完全单层吸附时,每个吸附质分子所占据的平均面积,等于分子截面积。

采用 BET 吸附法测定比表面积时,吸附质分子截面的数值是一个有争议的问题,通常认为 77.4 K 时氮气分子的截面积为 0.162 nm^2。由此得到

$$S_g = \frac{4.36 \, V_m}{m}$$

式中,V_m 为标准状态下氮气分子单层饱和吸附量,单位为 mL。

三、实验仪器与试剂

1. 仪器

麦克默瑞提克 Tristar 3020 全自动比表面积及孔径分析仪、分析天平。

2. 试剂

液氮;固体物质(被测样品),可随机选择。

四、实验步骤

(1) 打开电脑和 Tristar 3020 的电源开关,打开真空泵开关和氮气、氦气气瓶开关,设定气瓶压力为 0.1 MPa,双击 Tristar 3020 软件图标,打开软件,仪器要预热稳定 30 min。

(2) 称量样品和样品管的质量,通常待分析样品有 40～120 m^2/g 的比表面积,样品质量为 100～300 mg。粉末样品用长颈漏斗或者长纸条送至样品管的底部。比表面积低的样品的量应适当增加,为 0.2 g 左右,但加入样品的体积不要超过管球泡体积的一半。称完样品后需要在加热炉中作脱气处理,一般在 150 ℃ 左右抽

真空,温度可根据具体样品而设定,一般脱气 8～12 h。脱气结束后将样品管转移至冷却口,冷却 10 min。称量样品管总质量减去空管质量,得到脱气后的样品质量。

(3)编辑分析。点击"File""Open""Sample information",采用按照顺序生成的文件名称,点击"OK",在文件窗口中点击"Replace All",选择氮气吸附脱附的BJH 模型的文件,输入分析样品的序号等信息,输入空管的质量、样品和空管的总质量,点击"Calculate",可算出样品的质量,点击"Save"保存,点击"Close"关闭,第一个待分析样品信息输入完成。按照上述步骤重复 3 次,分别输入 3 个样品的信息。

(4)安装样品管,去掉管口的塞子,把填充棒水平放入样品管,把保温套管装到样品管上,向下紧挨管头,将 P_0 管套装到杜瓦瓶的盖子中心,盖子大口向上,小口向下。将样品管套装到盖子的一个口上,安上螺母、卡套和 O 形圈。将样品管安装在对应的分析口上,用力拧紧,按照同样的程序安装剩余的两个样品管。

(5)将液氮加到杜瓦瓶中,离上端 5 cm 处即可,不要超过标志孔。小心将杜瓦瓶放在小托盘上,放置平稳,注意底部不要倾斜,合上安全门,待分析。

(6)分析样品。在"Unit1"菜单中选择"Sample Analysis",出现对话窗口,点击"Browse"选择要分析的文件,确认安装到分析口上的样品管和样品文件等信息一一对应,点击"Start"开始分析。自动完成分析,点击保存可存储数据。

五、实验结果与讨论

根据数据可直接得到样品的比表面积,采用 Origin 绘出氮气吸附/脱附曲线,根据吸附/脱附等温吸附类型判断试样的孔结构,采用 Origin 绘出孔径分布图。

六、思考题

(1)在实验中为什么要控制 P/P_0 在 0.05～0.35 之间?
(2)仪器使用过程中有哪些注意事项?

参 考 文 献

[1]　刘培生,崔光,陈靖鹤.多孔材料性能与设计[M].北京:化学工业出版社,2019.
[2]　STEELE W A. Monolayer of linear molecules adsorbed on the graphite basal plane: structures and intermolecular interactions[J]. Langmuir, 1996, 12:145-153.
[3]　LOWELL S, SHIELDS J E, MARTIN A. Characterization of porous solids and powders: surface area, pore size and density[M]. Hague:Kluwer Academic Publishers,2004.

实验十九　固相反应法制备硅酸盐长余辉发光粉体

一、实验目的

(1) 掌握固相合成法的基本原理和方法。

(2) 了解硅酸盐长余辉发光粉的发光机理。

(3) 掌握高温炉和荧光灯的使用方法。

二、实验原理

固体反应是指原料在其熔化前或至少是其主要原料在熔化前进行的反应。长余辉发光材料是指在光源激发下能吸收光能并将能量储存起来,在光激停止后又以光的形式将能量慢慢释放出来的一类光致储能功能材料。硅酸盐体系长余辉材料的化学稳定性、耐水性好且耐高温,发光颜色与铝酸盐长余辉发光材料可以互补。

在硅酸盐长余辉发光粉 $Sr_2MgSiO_7:Eu^{2+},Dy^{3+}$ 中,激活剂 Eu^{2+} 替代晶体中部分 Sr 的位置成为发光中心,该蓝光发光粉的激发光谱有 365 nm 和 390 nm 两个激发峰,发射光谱只有 465 nm 处一个峰,因此调节基质的组成将引起发射光谱的位移,如增强晶体场将使发射光谱向长波方向移动。发光粉的合成反应如下:

$$SiO_2 + SrCO_3 + (MgCO_3)_4 \cdot Mg(OH)_2 + Eu_2O_3 + Dy_2O_3 \longrightarrow Sr_2MgSiO_7:Eu^{2+},Dy^{3+}$$

三、实验仪器和试剂

1. 仪器

玛瑙研钵、高温炉、荧光分析仪、X 射线衍射仪、坩埚、电子天平。

2. 试剂

SiO_2、$SrCO_3$、$(MgCO_3)_4 \cdot Mg(OH)_2$、$Eu_2O_3$、$Dy_2O_3$、$H_3BO_3$、无水乙醇等,其纯度均为分析纯;粒状活性炭。

四、实验步骤

1. 固相前驱体制备

按 $Sr_{1.94-x}M_x:Eu_{0.02}Dy_{0.04}MgSi_2O_7$ (M 可为 Ca、Ba、Mn),$x = 0.5, 1.0, 1.5,$

称取约 15 g 前驱体,助熔剂硼酸 H_3BO_3 2.0 g。将各试剂转移到玛瑙研钵中研磨混合均匀,为取得更好的混合效果,可以在研磨一段时间后加入少量易挥发的有机溶剂,如无水酒精或丙酮,然后研磨至干。每份样品均需研磨约 20 min,转移混合物到坩埚中,稍稍压平,上面铺一层粒状活性炭作还原剂,加坩埚盖盖严实。

2. 高温合成

将上述准备好的样品放入高温炉中,温度调至 1 250～1 350 ℃,待炉温达到指定温度时开始计时,恒温 3 h,取出冷却,除去表面未反应完的炭粒,得到荧光粉。

五、实验结果与讨论

(1) 选粉和测试:在荧光灯(365 nm)下除去发光能力差的表面样品及边缘部分发光粉,其余发光粉用研钵磨细,用 X 射线衍射仪测试样品晶体结构。

(2) 采用荧光分光光度计对发光粉进行激发光谱和发射光谱测定,用观察法测定样品的长余辉时间。

(3) 通过实验结果比较二价金属取代锶对发光粉发光性能的影响。

六、思考题

(1) 实验制备出的发光粉中 Eu^{2+} 能稳定存在吗? 为什么?

(2) 大量引入 SiO_2 可能对产品产生什么影响?

参 考 文 献

[1] ZHUANG Y, WANG L, LV Y, et al. Optical data storage and multicolor emission readout on flexible films using deep-trap persistent luminescence materia[J]. Adv. Funct. Mater., 2018,28(8):1705769-1705779.

[2] CUI G, YANG X, ZHANG Y, et al. Tang. Round-the-clock photocatalytic hydrogen production with high efficiency by a long-after glow material. [J]. Angew. Chem. Int. Ed., 2018,58(5):1340-1344.

[3] 孙文周,陈宇红.燃烧法制备 $SrAl_2O_4$:Eu^{2+},Dy^{3+} 长余辉发光粉体的有机包覆研究[J].化工新型材料,2016,44(7):133-135.

[4] 刘晓林,魏家良,陈建峰,等.纳米铝酸锶长余辉发光粉体的制备与性能表征[J].功能材料,2008,4(7):1074-1077.

实验二十　商业氢氧化四甲基铵(苛性碳)的锂电池性能表征

一、实验目的

(1) 掌握手套箱的使用方法。

(2) 掌握锂离子电池的常规电极制备方法。

(3) 掌握锂离子电池材料的表征方法。

二、实验原理

锂离子电池的工作原理主要是基于插层反应,既在充电过程中锂离子由正极脱出,经过电解液传导到达负极嵌入负极材料中,同时电子的补偿电荷则由外电路传导给负极;在放电过程中与充电过程相反,锂离子由负极脱出嵌入到正极中。通常情况下,锂离子的嵌入、脱出只影响电极材料的晶格间距,并不破坏其晶体结构。因此,锂离子电池的可逆性很好,基本没有记忆效应。

本实验中装配的是纽扣式电池,主要由正极壳、负极壳、垫片、弹片、锂片及电极片组成。全部组装工序都在手套箱中完成,氧含量和水含量都小于百万分之一。首先将电极极片放入负极壳中,然后使用 3 mL 滴管滴 4~5 滴电解液到负极上,之后按顺序放入隔膜、锂片、垫片、弹片和正极壳。最后在手套箱中使用封口机将纽扣式电池封口,封口压力为 49~69 MPa。

三、实验仪器与材料

1. 仪器

水热反应釜、电子天平、集热式恒温加热磁力搅拌器、冷冻干燥机、电热恒温鼓风干燥箱、真空干燥箱、超声清洗仪、压片机、切片机、电化学工作站、离心机。

2. 材料

苛性碳、乙炔黑、聚偏氟乙烯(PVDF)、泡沫镍、铜箔、正极壳、负极壳、垫片、弹片、锂片、Celgard 2400 隔膜、六氟磷酸锂($LiPF_6$)。

四、实验步骤

1. 工作电极制备

将活性材料苛性碳和黏结剂 PVDF 与导电剂(乙炔黑)按质量比 80：10：10

混合,使用氮甲基吡咯烷酮(NMP)为溶剂,在研钵中混合均匀后涂覆在铜(负极材料)上,然后在 80 ℃下真空干燥 12 h。烘干后,用冲孔机制成直径 12 mm 的电极片并称重。电池的组装在充满氩气的手套箱中进行,纽扣式电池的型号为 2025,电极和参比电极使用锂片,隔膜使用 Celgard 2400 膜,电解液使用 1 mol/L 的 $LiPF_6$ (将质量比为 1∶1 的磷酸乙烯酯 EC 与碳酸二甲酯 DMC 作为溶剂)。

2. 电极性能测试

(1) 循环伏安测试:将组装好的电池装入电化学工作站进行测试。扫描的电化学窗口为 0.01～3.0 V,扫描速度一般是 0.01～0.1 mV/s,测试温度为室温。

(2) 阻抗测试:电化学阻抗谱使用电化学工作站测试。交流阻抗测试参数为:交流电压幅值 5 mV,测试频率 100 mHz～700 kHz。

(3) 充放电性能测试:将组装好的电池装在电池测试仪上测试其性能。

五、实验结果与讨论

(1) 分析苛性碳的储锂机理。

(2) 计算苛性碳的容量。

参 考 文 献

[1]　黄可龙,王兆翔,刘素琴. 化学电源技术丛书:锂离子电池原理与关键技术(后石油时代替代能源)[M].北京:化学工业出版社,2008.

[2]　WANG Z L, XU D, HUANG Y, et al. Facile, mild and fast thermal-decomposition reduction of graphene oxide in air and its application in high-performance lithium batteries[J]. Chem. Commun. , 2012, 48:976.

实验二十一　水热合成法制备氢氧化镍纳米粉体

一、实验目的

(1) 掌握水热合成法制备氢氧化镍纳米粉体的方法。

(2) 掌握超级电容器的常规电极制备方法。

(3) 掌握氢氧化镍电化学表征方法。

二、实验原理

超级电容器具有功率密度大、循环寿命长和成本低的特点。超级电容器根据其储能机理可以分为双电层电容器和赝电容器。其中赝电容器储存能量的机理是基于电极材料表面（或亚表面）的快速氧化还原反应，因此赝电容器的比容量和能量密度比双电层电容器高。常用的赝电容材料主要为金属氧化物、金属氢氧化物和导电聚合物等。氢氧化镍具有独特的二维层状结构，其良好的电化学性能在赝电容器电极材料的研究中备受关注。

水热合成法是制备纳米材料的一种常用方法，它实现了纳米材料组分、形貌和结构的可调控。水热合成法是指在温度 $100\sim1\,000\,℃$、压力 $1\,MPa\sim1\,GPa$ 条件下利用水溶液中物质的化学反应进行合成的方法。在亚临界和超临界水热条件下，由于反应处于分子水平，反应活性提高。又由于水热反应的均相成核及非均相成核机理与固相反应的扩散机制不同，因而可以创造出其他方法无法制备的新化合物和新材料。

三、实验仪器与试剂

1. 仪器

水热反应釜、电子天平、集热式恒温加热磁力搅拌器、冷冻干燥机、电热恒温鼓风干燥箱、真空干燥箱、超声清洗仪、压片机、切片机、电化学工作站、离心机。

2. 试剂

六水合硫酸镍（$NiSO_4 \cdot 6H_2O$）、氢氧化钠（$NaOH$）、去离子水、无水乙醇、乙炔黑、聚四氟乙烯（PTFE）、泡沫镍。

四、实验步骤

1. 氢氧化镍纳米片的制备

称取 2.575 9 g 硫酸镍($NiSO_4 \cdot 6H_2O$)和 0.132 g 氢氧化钠(NaOH)加入 100 mL 二次蒸馏水中搅拌 30 min 至混合均匀。静置后得到绿色沉淀,经离心和反复水洗之后得到氢氧化镍纳米片($Ni(OH)_2 \cdot 0.75H_2O$)。

2. 电极制备和电池组装

将乙炔黑、氢氧化镍纳米片、PTFE 按照质量比 80∶10∶10 的比例混合,以无水乙醇为溶剂,在研钵中磨制成均匀的浆料。再用辊压机将其压到泡沫镍上,在 80 ℃下烘干即成为电极材料。活性电极材料的质量约为 1.5 mg。测试体系为三电极体系,工作电极为制备得到的电极材料,对电极为铂电极,参比电极是 Hg/HgO(1 mol/L KOH),电解液是 6 mol/L KOH。

3. 电化学性能测试

(1) 循环伏安测试:循环伏安法可以用来确定电极材料的储能机理以及表征电极材料的比容量和倍率性能。扫速从 2 mV/s 变化到 200 mV/s,电压范围为 0.1~0.6 V。充电时被氧化:Ni(Ⅱ) → Ni(Ⅲ),氧化峰在 0.42 V(Hg/HgO);放电时被还原:Ni(Ⅲ) → Ni(Ⅱ),还原峰在 0.30 V(Hg/HgO)。

(2) 恒电流充放电测试:恒电流充放电也可以用于表征电极材料的比容量和倍率性能。电流密度从 1 A/g 变化到 100 A/g,电压范围为 0.0~0.5 V。

(3) 交流阻抗测试:阻抗测量是电化学体系的重要研究方法。通过对阻抗图谱(EIS)的分析,可以获得电解液离子扩散系数和电容器体系的电阻等信息,并可分析长循环过程中的体系电阻的改变。测试频率为 10 mHz~1 MHz,偏压为 5 mV。

五、思考题

(1) 氢氧化镍充放电机理是什么?

(2) 氢氧化镍材质电容器的容量怎么计算?

参 考 文 献

[1] 米立伟,卫武涛. 镍钴基超级电容器电极材料[M]. 中国纺织出版社,2019.

[2] WU Z, HUANG X L, WANG Z L, et al. Electrostatic induced stretch growth of homogeneous beta-Ni(OH)$_2$ on graphene with enhanced high-rate cycling for supercapacitors [D]. 长春应用化学研究所,2014.

实验二十二 超疏水性二氧化硅气凝胶的制备及表征

一、实验目的

(1) 掌握二氧化硅气凝胶的制备方法。

(2) 掌握二氧化硅气凝胶超疏水性的表征方法。

(3) 掌握油水界面制备粉体材料的方法。

二、实验原理

二氧化硅气凝胶是一种具有开放孔隙的纳米结构固体结构,具有较高的比表面积($500 \sim 1\,000\ \mathrm{m^2/g}$)、高孔隙率($80\% \sim 99.8\%$)、低容重($0.003 \sim 0.8\ \mathrm{g/cm^3}$)和低导热率($0.02\ \mathrm{W/(m \cdot K)}$),可用于超大规模集成电路、隔热、隔音、催化剂、废物处理、药物输送等领域。

二氧化硅气凝胶的制备常用溶胶凝胶法,常压干燥可有效去除孔隙中的液体,降低表面硅烷醇的毛细管压力,降低湿凝胶收缩性,增大孔隙率。

实验采用甲基三甲氧基硅烷(MTMS)作为硅前驱体,正己烷为油相,制备平均直径约 $300\ \mu\mathrm{m}$ 的超疏水性二氧化硅气凝胶,采用接触角表征气凝胶的疏水性能。制备的二氧化硅气凝胶可以用作油相材料的吸附材料和油水分离材料。

三、实验仪器与试剂

1. 仪器

磁力搅拌器、离心机、烘箱。

2. 试剂

甲基三乙氧基硅烷(MTES)、十六烷基三甲基溴化铵(CTAB)、氨水(28%)、去离子水、正己烷。

四、实验步骤

取甲基三乙氧基硅烷(MTES)20 mL,加入 0.2173 g 表面活性剂 CTAB,加入 60 mL 去离子水,强力搅拌 20 min,加入 10 mL 的氨水(28%),充分搅拌 20 min 得到透明状溶液。取 200 mL 正己烷置于 500 mL 烧杯中,25 ℃,1 000 r/min 磁力搅

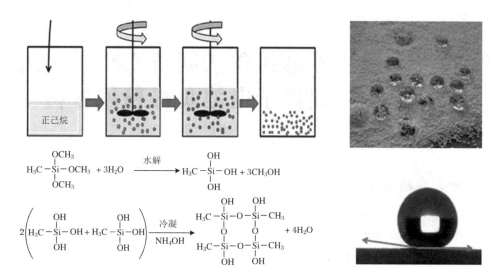

图 22.1　超疏水性二氧化硅气凝胶的制备示意图

拌。同时将透明溶液缓慢滴加到正己烷溶液中,10 min 后得到油包水状乳液。用无水乙醇反复洗涤 3 次去除未反应的表面活性剂,离心,80 ℃干燥 1 h,150 ℃干燥 2 h,得到二氧化硅气凝胶微球。

五、实验结果与讨论

(1) 采用接触角测定仪测试样品的疏水性能。

(2) 采用 X 射线衍射仪测定样品的晶体结构。

六、思考题

1. 油相正己烷的作用是什么?

2. 二氧化硅气凝胶的其他表征方法还有哪些?

参 考 文 献

[1] YUN S, LUO H J, GAO Y F. Superhydrophobic silica aerogel microspheres from methyltrime thoxysilane: rapid synthesis via ambient pressure drying and excellent absorption properties[J]. RSC Adv., 2014, 4:4535-4542.

[2] HUANG T, ZHU Y, ZHU J, et al. Self-reinforcement of light, temperature-resistant silica nanofibrous aerogels with tunable mechanical properties[J]. Adv. Fiber. Mater., 2020, 2(6):338-347.

[3] YU Z L, YANG N, KALKAVOURA V A, et al. Fire-retardant and thermally insulating phenolic-silica aerogels[J]. Angew. Chem. Int. Ed., 2018, 57(17):4538-4542.

实验二十三　静电纺丝法制备 CNF/CoO$_x$ 锂离子电池负极粉体材料

一、实验目的

(1) 掌握静电纺丝法制备材料的方法。
(2) 掌握电化学工作站的使用方法。
(3) 掌握电池负极材料的制备方法及表征。

二、实验原理

对于锂离子电池,一维纳米材料不仅能在轴向上提供较短的锂离子传输路径,还能在径向上提供更有效的电子传输通道。静电纺丝法是制备一维材料的最简单、廉价、可大规模生产的方法,其逐渐被应用到锂离子电极材料的制备当中。一维纳米复合物 CNF@CoO$_x$ 是将活性物质(CoO$_x$)嵌到碳纤维的表面,其一方面可以直接与电解液中的锂离子发生电化学反应而无需穿过碳层,从而有助于锂离子在固相中的传输;另一方面 CoO$_x$ 均匀嵌在碳纤维表面也为其在充放电过程中产生的体积膨胀提供了缓冲空间。此外,在 CoO$_x$ 中钴呈现多种氧化态,三者之间的相互作用也对其电化学性能产生了一定的影响。目前关于一维纳米复合物 CNF@CoO$_x$ 的研究尚未见报道。

本实验采用静电纺丝法制备聚乙烯基吡咯烷酮(PVP)-硝酸钴(Co(NO$_3$)$_2$)纳米纤维前驱体(图 23.1)。在惰性气体保护条件下,高温碳化 120 min,PVP-(Co(NO$_3$)$_2$)纳米纤维转化成核壳结构的 CNF@CoO$_x$ 纳米纤维。CoO$_x$ 纳米粒子均匀嵌在碳纤维基质的表面,CNF@CoO$_x$ 展现了较高的放电比容量和较好的循环性能。

三、实验仪器与试剂

1. 仪器

用丹东浩元产 DX-2700 型 X 射线衍射仪进行表征,以 Cu Kα 射线作为发射源(波长:1.540 56 Å,扫描速率:0.04°/s),加速电压和电流则分别为 35 kV 和 25 mA。

2. 试剂

聚乙烯基吡咯烷酮(PVP, M_w = 130 000,阿拉丁试剂公司)、尿素(CON$_2$H$_4$)、

六水硝酸钴（Co(NO$_3$)$_2$·6 H$_2$O）、无水乙醇、聚四氟乙烯；电解液（1 mol/L LiPF$_6$/EC＋DEC（体积比为 1∶1）），实验所用药品均为分析纯，实验用水为超纯水。

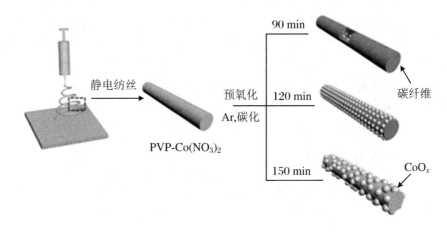

图 23.1　产物制备过程示意图

四、实验步骤

1. 电纺溶液的配制

称取 1.45 g 六水硝酸钴和 0.15 g 尿素加入到无水乙醇/水（体积比为 4∶1）的混合溶剂中，超声 5 min 溶解。称取 1.5 g PVP 逐步加入上述溶液中，磁力搅拌使 PVP 完全溶解后备用。

2. 静电纺丝及热处理

首先将上述电纺溶液转移至 10 mL 注射器内，静电纺丝所施加的电压为 15 kV，静电纺丝前驱体溶液的流速为 0.1 mL/h，针头至收集屏的距离为 15 cm。将覆盖有静电纺丝纤维的铝箔放入 80 ℃烘箱中烘干后用尖头镊子把纤维从铝箔上揭下得到 Co(NO$_3$)$_2$/PVP 纳米纤维白色薄膜。

热处理过程：首先将 Co(NO$_3$)$_2$/PVP 纳米纤维放在马弗炉中低温热稳定，以 1 ℃/min 的升温速率缓慢升至 180 ℃，保温 120 min 后降至室温；然后是高温还原碳化，将低温预氧化处理后的纳米纤维放置在管式炉中，氩气保护，以 1 ℃/min 的升温速率升到 550 ℃，分别保温 90 min、120 min 和 150 min，降至室温后将取样得到的纳米纤维样品分别记为 S-90、S-120 和 S-150。

3. 电池组装及电化学性能测试

电极片制作方法：将纳米复合物纤维、导电炭黑和聚偏氟乙烯（PVDF）按照 80∶10∶10 的质量比例逐步加入到玛瑙研钵中研磨，研磨过程中滴入 N-甲基吡咯烷酮（NMP）作分散剂，研磨均匀后使用刮刀涂布法将其均匀涂布于铜箔上，放入 80 ℃烘箱中干燥，然后用冲片机冲片，制备成直径为 14 mm 电极片，完成后于

100 ℃下真空干燥 12 h。

电池的组装是在充满氩气的手套箱中进行的,其中氧气和水蒸气的浓度要低于 0.5%,以 1 mol/L 的 $LiPF_6$/EC+DMC(体积比 1:1)作为电解液,聚丙烯(PP)膜(直径 18 mm)作为电池隔膜,锂金属片作为对电极,组装成 2016 纽扣式电池。

将组装好的电池放在新威高精度电池性能测试系统上进行充放电性能测试,测试电压为 0.01~3.0 V。采用 CHI880 电化学工作站(上海辰华仪器有限公司)对制成的纽扣式电池进行循环伏安测试(CV)和交流阻抗测试(EIS)。CV 测试的电压扫描范围为 0~3 V,扫描速率为 0.1 mV/s,EIS 测试的小振幅电压为 5 mV,频率范围为 0.01 Hz~1.0 MHz。

五、实验结果与讨论

(1) 测定样品的 XRD 图谱。
(2) 测定样品的红外光谱。

参 考 文 献

[1] KIM M H, CHOO K H. Low-temperature continuous wet oxidation of trichloroethylene over CoO_x/TiO_2 catalysts [J]. Catalysis Communications,2007,8(3):462-466.

[2] HAGELIN-WEAVER H A E, HOFLUND G B, MINAHAN D A, et al. Electron energy loss spectroscopic investigation of Co metal, CoO, and Co_3O_4 before and after Ar^+ bombardment [J]. Applied Surface Science,2004,235(4):420-448.

[3] WU Y, REDDY M, CHOWDARI B, et al. Long-term cycling studies on electrospun carbon nanofibers as anode material for lithium ion batteries[J]. ACS Applied Materials & interfaces,2013,5(22):12175-12184.

[4] BONINO C A, JI L, LIN Z, et al. Electrospun carbon-tin oxide composite nanofibers for use as lithium ion battery anodes [J]. ACS Applied Materials & Interfaces,2011,3(7):2534-2542.

实验二十四　非水溶剂法制备无水四碘化锡

一、实验目的

(1) 了解无水四碘化锡(SnI_4)的性质。

(2) 掌握非水溶剂法制备无水四碘化锡的原理和方法。

二、实验原理

四碘化锡是橙红色针状晶体,密度 $4.50\ g/cm^3$(222 K),熔点 417.5 K,沸点637 K,约 453 K 时开始升华,遇水即发生水解,在空气中也会逐渐水解,所以必须贮存在干燥容器中。

四碘化锡易溶于四氯化碳(CCl_4)、三氯甲烷($CHCl_3$)和二硫化碳(CS_2)等溶剂,在石油醚中溶解度较小,含有四碘化锡的丙酮溶液与碱金属碘化物作用可生成$M_2[SnI_6]$的黑色晶状化合物。

根据四碘化锡的特性,可知它不能在水中制备,除了采用碘蒸气与金属锡的气-固直接合成方法外,一般可在非水溶剂中制备。溶剂可以选择二硫化碳、四氯化碳、三氯甲烷、苯(C_6H_6)、冰乙酸(无水乙酸,CH_3COOH)和乙酸酐体系、石油醚等。本实验选用金属锡和碘在非水溶剂(冰乙酸-乙酸酐体系)中直接合成法制备无水四碘化锡:

$$Sn + 2I_2 \longrightarrow SnI_4$$

用冰乙酸-乙酸酐溶剂比二硫化碳、四氯化碳、三氯甲烷、苯等非水溶剂的毒性小,且产物不会水解,可以得到比较纯的晶状产品。

三、实验仪器和试剂

1. 仪器

托盘天平、圆底烧瓶、冷凝管、温度计、干燥管、试管、小烧杯、提勒管、布氏漏斗、抽滤瓶、熔点管。

2. 试剂

锡箔、碘、无水乙酸、乙酸酐、三氯甲烷(甘油或石蜡油)、无水氯化钙($CaCl_2$)、硝酸银溶液($AgNO_3$,0.1 mol/L)、硝酸铅溶液($Pb(NO_3)_2$,0.1 mol/L)、稀硫酸、稀碱溶液(NaOH)、饱和碘化钾(KI)溶液。

四、实验步骤

1. 四碘化锡的制备

称取 0.5 g 锡箔(剪成碎片)和 2.2 g 碘,置于容量为 100～150 mL 的干燥清洁圆底烧瓶中,再加入 25 mL 无水乙酸和 25 mL 乙酸酐,加入少量沸石,以防爆沸。安装好冷凝管和干燥管(注:要防止无水乙酸和乙酸酐的刺激性气味逸出,刺激眼睛和皮肤),空气浴加热使混合物沸腾,保持回流状态 1～1.5 h,直至烧瓶中无紫色蒸气,溶液颜色由紫色变为深橙红色时停止加热,冷却混合物,看到橙红色针状四碘化锡晶体析出时,迅速抽滤。

将晶体放在小烧杯中,加入 20～30 mL 三氯甲烷,温水浴溶解,迅速抽滤,除去杂质。滤液倒入蒸发皿,在通风橱内不断搅拌滤液至三氯甲烷全部挥发,得到橙红色晶体,称量,计算产率。

2. 四碘化锡熔点的测定

把研细的四碘化锡粉末在表面皿上堆成小堆,将熔点管的开口端插入试样中装料,然后,把熔点管口向上竖起,在桌面蹾几下,然后通过长约 40 cm 的玻璃管进行自由落体运动数次,直至试样紧密堆积为止,试样高度 2～3 mm。在熔点仪上测定样品熔点。

3. 四碘化锡的某些性质实验

(1) 取少量四碘化锡固体置于试管内,再向试管中加入少量蒸馏水,观察现象,写出反应式,溶液及沉淀留作之后的实验用。

(2) 取四碘化锡水解后的溶液,分盛两支试管,一支滴加 $AgNO_3$ 溶液,另一支滴加 $Pb(NO_3)_2$ 溶液,观察现象,写出反应式。

(3) 取步骤(1)中沉淀分盛两支试管中,分别滴加稀硫酸、稀碱,观察现象,写出反应式。

(4) 制备少量四碘化锡的丙酮溶液并分为两份,分别滴加 H_2O 和饱和 KI 溶液,观察现象。

五、实验结果与讨论

(1) 记录制备四碘化锡的实验现象。
(2) 测定四碘化锡的熔点。
(3) 记录四碘化锡的某些性质的实验现象。

六、思考题

(1) 为什么制备无水四碘化锡所用的仪器都必须干燥?
(2) 若制备反应完毕,锡已经完全反应,但体系中还有少量碘,用什么方法除去?

（3）在本实验中使用的乙酸和乙酸酐有什么作用?

参 考 文 献

吴仁涛,张欣,李震.四碘化锡的制备及性质[J].临沂师范学院学报,2004,4(3):47-50.

实验二十五　溶胶凝胶法制备
钛酸锶钡粉体

一、实验目的

（1）掌握使用溶胶凝胶法合成钛酸锶钡（$BaTiO_3$）粉体材料的方法。

（2）学习和了解使用 X 射线衍射仪、激光粒度分析仪以及扫描电镜等对纳米粉体产物进行表征的方法。

二、实验原理

溶胶凝胶法是指先将金属醇盐或无机盐水解成溶胶，然后使溶胶凝胶化，再将凝胶干燥焙烧后得到纳米粉体。其基本反应原理如下：

1. 溶剂化

能电离的前驱体——金属盐的金属阳离子 M^{z+} 吸引水分子形成溶剂单元 $M(H_2O)_n^{z+}$（z 为 M 离子的价数），具有为保持它的配位数而强烈地释放 H^+ 的趋势：

$$M(H_2O)_n^{z+} \longrightarrow M(H_2O)_{n-1}(OH)^{(z-1)+} + H^+$$

2. 水解反应

非电离式分子前驱体，如金属醇盐 $M(OR)_n$（n 为金属 M 的原子价）与水反应：

$$M(OR)_n + xH_2O \longrightarrow M(OH)_x(OR)_{n-x} + xROH$$

反应可持续进行，直至生成 $M(OR)_n$。

3. 缩聚反应

缩聚反应可分为失水缩聚

$$M—OH + HO—M \longrightarrow M—O—M + H_2O$$

与失醇缩聚

$$M—OH + RO—M \longrightarrow M—O—M + ROH$$

反应生成物是各种尺寸和结构的溶胶体粒子。

本实验以醋酸钡和钛酸丁酯（$C_{16}H_{36}O_4Ti$）为原料采用溶胶凝胶法制备纳米 $BaTiO_3$ 粉体，并对不同煅烧温度处理的样品用 X 射线衍射法进行结构表征。

溶胶凝胶法使用的原料价值高，高温煅烧能耗大，且煅烧过程中往往会造成晶粒长大和颗粒硬团聚。分别以四氯化钛（$TiCl_4$）和氯化钡（$BaCl_2$）溶液为钛源和钡源，以 NaOH 溶液为沉淀剂，使用直接沉淀法合成纳米 $BaTiO_3$ 粉体，可以避免上述缺点，得到形貌为球形、颗粒尺寸均匀的纳米粉体。该反应的反应方程式为

$$TiCl_4 + H_2O \longrightarrow TiOCl_2 + 2HCl$$

$$TiOCl_2 + BaCl_2 + 4NaOH \longrightarrow BaTiO_3 \downarrow + 4NaCl + 2H_2O$$

对于合成制备出的纳米 $BaTiO_3$ 粉体产品，使用化学分析方法可快速测定其中的钡和钛的含量。用浓盐酸溶样，以 EDTA 掩蔽钛，以硫酸铵（$(NH_4)_2SO_4$）作为沉淀剂测定钡的含量。另外，可用硫酸、硫酸铵溶样，以金属铝还原二氧化钛，以硫氰酸铵（NH_4SCN）作指示剂，以硫酸铁铵（$NH_4Fe(SO_4)_2$）作标准滴定溶液测定钛含量。

此外，使用 X 射线衍射仪、激光粒度分析仪以及扫描电镜等大型仪器作为测试手段对纳米粉体产物进行物相、粒度分析及形貌表征。

三、实验仪器与试剂

1. 仪器

电子天平、磁力搅拌器、研钵、45 目筛子、电热恒温干燥箱、坩埚、马弗炉、烧杯、称量瓶、移液管、500 mL 锥形瓶、滴定管、快速定量滤纸、501A 型恒温水浴箱、pH 计、X 射线衍射仪、激光粒度分析仪、扫描电镜。

2. 试剂

醋酸钡、冰乙酸（无水乙酸）、钛酸丁酯、无水乙醇、四氯化钛、氯化钡、氢氧化钠、乙二胺四乙酸二钠（EDTA）、甲基橙指示剂、硫酸铵、碳酸氢钠、硫酸铁铵、硫氰酸钾。

四、实验步骤

1. 溶胶凝胶法制备纳米 $BaTiO_3$ 粉体

（1）计算配置 20 mL 的 0.3 mol/L 的钛酸钡前体溶液所需的醋酸钡和钛酸丁酯的用量。

（2）用量杯将 8 mL 冰乙酸加入到烧杯中，用刻度吸管注入 2 mL 去离子水，烧杯放在磁力搅拌器上搅拌，直至醋酸钡完全溶解，再将 3 mL 无水乙醇和称量瓶里的钛酸丁酯缓慢倒入烧杯中，继续搅拌混合均匀，最后向烧杯中加入无水乙醇，使溶液达到 20 mL，搅拌均匀，利用盐酸或氨水调节溶液的 pH（大约为 4），直至形成溶胶。

（3）将形成的溶胶放在 60 ℃的干燥箱中干燥得到凝胶，然后将烘干的凝胶放在研钵中磨碎，过筛后放入坩埚中，置于马弗炉中分别以 650 ℃、800 ℃和 1000 ℃煅烧 2 h。

2. 直接沉淀法制备纳米 $BaTiO_3$ 粉体

（1）在通风厨中，将 $TiCl_4$ 在冰水中冷却至 0 ℃，缓慢加入冰水，$TiCl_4$ 开始水解

反应,生成不稳定的 $TiO(OH)_2$,随着冰块缓慢溶解,形成黄色 $TiOCl_2$ 溶液,发生的化学反应为

$$TiCl_4 + H_2O \longrightarrow TiOCl_2 + 2HCl$$

冰块吸收了 $TiCl_4$ 的溶解热,保持 pH 小于 1 时,浓度为 2.5 mol/L,为清亮透明的 $TiOCl_2$ 溶液。

(2) 配制浓度为 1.2 mol/L 的 $BaCl_2$ 溶液,将 $BaCl_2$ 溶液和 $TiOCl_2$ 溶液按 Ba 与 Ti 摩尔比 1.07∶1 混合制得反应液。

(3) 再将预热到 50 ℃ 的反应溶液与浓度为 6 mol/L 的 NaOH 溶液按一定的比例加入到反应容器中,同时搅拌并用 pH 计检测反应过程,保持 pH 不变,反应进行 15～20 min,该反应的方程式为

$$TiOCl_2 + BaCl_2 + 4NaOH \longrightarrow BaTiO_3 \downarrow + 4NaCl + 2H_2O$$

(4) 将所得沉淀物过滤、洗涤、烘干并研磨,得到纳米 $BaTiO_3$ 粉体。

3. 纳米 $BaTiO_3$ 粉体的物相分析、粒度分布以及形貌表征

分别使用 X 射线衍射仪、激光粒度分析仪以及扫描电镜等大型仪器作为测试手段对纳米 $BaTiO_3$ 粉体进行物相、粒度分布及形貌表征。

五、实验结果与讨论

(1) 对制备的纳米 $BaTiO_3$ 粉体进行 XRD 表征。

(2) 将制备的 $BaTiO_3$ 粉体压制成型并测定其介电常数。

六、思考题

(1) 冰乙酸在溶胶凝胶法制备钛酸锶钡粉体中的作用是什么?

(2) 解析 X 射线衍射图谱,随着煅烧温度的提高,晶相有何变化?

参 考 文 献

[1] 王松泉,刘晓林,陈建峰,等.直接沉淀法制备纳米钛酸钡粉体的表征与介电性能[J].北京化工大学学报,2004,31(4):32-35.

[2] KIM S J, PARK S D, JEONG Y H. Homogeneous precipitation of TiO_2 ultrafine powders from aqueous $TiOCl_2$ solution[J].J. Am. Ceram. Soc., 1999.82(4):927-32.

[3] 杨平,李松霞,薛屺.水热法制备一维钛酸锶钡晶体[J].压电与声光,2016,38(1):134-136.

[4] 陈杰,车明超,李阳,等.钛酸锶钡陶瓷晶粒生长动力学研究[J].人工晶体学报,2015,44(9):2433-2437.

[5] 代广周,路标,李丹丹,等.钛酸锶钡($Ba_{0.7}Sr_{0.3}TiO_3$)厚膜陶瓷的大电卡效应和储能密度[J].硅酸盐学报,2018,46(6):801-806.

[6] 尹沛羊,刘鹏伟,邓湘云,等.钛酸锶钡纳米管阵列薄膜的水热合成及其性能研究[J].人工晶体学报,2016,45(7):1954-1958.

实验二十六 氧化铝陶瓷粉体的冷等静压成型

一、实验目的

(1) 掌握干模式等静压机的结构、功能及使用方法。
(2) 掌握干模式等静压机的工作原理和操作的基本流程。
(3) 掌握干模式等静压机的操作步骤。
(4) 掌握材料烧结烧成制度对材料性能的影响。

二、实验原理

冷等静压技术是以橡胶或者塑料作为包套的模具材料,以液体或弹性体(塑料、橡胶)为压力介质,以高达 600 MPa 的压力将材料进行常温等静压压制成型的技术。冷等静压技术克服了普通模压技术易产生形状畸变等弊端,具有压坯密度高、收缩量小、形状易控制等优点,可以应用于难熔金属、硬质合金等粉末冶金领域。采用冷等静压技术可以成型大尺寸的压坯,一般应用在陶瓷工业中,包括氧化铝板、陶瓷管、氧化铝空心管、氧化铝研磨球等。

干模式冷等静压机包括液压控制系统、框架、缸体、支架和导轨等部分。首先将装有物料的密封弹性磨具置于盛有传压介质的缸体中,然后闭合上端塞,框架沿导轨底座滑行至缸体的正上方,将上端塞压住。接着加压设备通过缸体底部的高压油路,对缸体内部传压介质施加超高压力,此时磨具内的物料受压成型。经一段时间保压后,减压阀开启,缸体内压力逐渐恢复至常压,框架后移,上端塞开启,最后得到成型样品。

三、实验仪器与试剂

1. 仪器

干模式冷等静压机(卧式,厦门曦华新材料科技有限公司),板材、棒材、管材和球形材模具。

2. 试剂

氧化铝(Al_2O_3)造粒粉。

四、实验步骤

1. 制样及参数设置

将 Al_2O_3 造粒粉缓慢加入到板材、棒材、管材、球形材料模具中,边加料边振实。检查电源线、设备的保护接地线已接好,检查各个安全保护装置位置正确,打开主电源、稳压器电源、空气压缩机电源。按照工艺参数设置各工段参数,具体参考表 26.1。

表 26.1　冷等静压机工艺参数设定表

参　数	参数范围	单　位	备　注
顶缸上升时间	0.1~0.5	秒(s)	设定时间过长会超过已设定的顶缸压力,将影响下一个动作及压机功能
低压压力设定	20~30	兆帕(MPa)	按工艺需求设定,设置太低会影响高压压力,一般情况下设定 25 MPa
顶缸压力设定	50~70	兆帕(MPa)	设备内部程序设定的顶缸压力的最低限值为 50 MPa,一般设定为 55~60 MPa。
一段保压时间	2~20	秒(s)	按工艺需求设定
顶缸下降时间	15~90	秒(s)	若设定时间过短,顶缸达不到最低位置,将影响料缸前进
二段保压时间	5~30	秒(s)	按工艺需求设定
一段高压设定	30~75	兆帕(MPa)	按工艺需求设定
二段高压设定	75~145	兆帕(MPa)	按工艺需求设定,压力设定值不允许超过最高限压(150 MPa)
料架下降时间	30~90	秒(s)	设定时间过短,模套会落不下来,高压压力越高设定的时间越长
高压压力下限	2.5~5	兆帕(MPa)	此压力值的设定关系到二次卸压阀的开启,设定压力过高,卸压阀可能会出现打不开的现象

注意:设定各参数不允许低于最低限也不允许高于最高限。

2. 手动模式冷等静压成型

点击"手动模式""油泵运行",放入装有混合料的模具,注意放置的方向,没有铁堵头的一方朝外。

点击"料架前进",把模具推入料缸内,点击"料架后退"至红灯变亮。

长按"料缸回退",至红灯变亮松开;长按"顶缸上升",可观察到顶缸压力不断上升,到设定值(50~65 MPa)附近便会自动停止。

听到停止响声,按住"增压回退",可观察到实测低压不断上升,到设定值(20~

29 MPa)附近听到响声关闭,松开按钮。

按住"增压前进",观察到实测高压不断上升,到设定值(100~145 MPa)附近听到响声后开始保压,松开按钮。

观察右上角手动保压时间(根据实验工艺要求自己设定),此时模具在缸内高压压制成型,假设需要保压 20 s,则观察到 18 s 时就要准备点击"卸压启动"。长按"顶缸下降"30~50 s,直到实测顶缸压力降至 0.1 MPa 以下时松开。

长按"料缸前进"至红灯变亮后松开。点击"出料前进"至红灯变亮。点击"出料后退"至红灯变亮。点击"卸压停止"至红灯变亮。

等静压成型压制过程结束,取出模具,拿出等静压成型的材料,脱模,材料经修整后开始烧结。

3. 半自动模式冷等静压成型

点击"半自动模式关闭",进入半自动模式。该模式运作必须手工设定各参数,以避免因参数设置问题造成事故。设定完参数后,点击油压泵下"油泵运行"按钮,点击"料架上升"按钮,点击料缸下"料缸前进"按钮,半自动模式开始运行,结束后点击"返回"按钮回到模式选择界面。

4. 自动模式冷等静压成型

点击"自动模式关闭"按钮,进入自动模式,运作该模式必须预先设定各参数,以避免因参数设置问题造成事故。自动模式下各参数的设定如表 26.1 所示。参数设定完成后,点击油压泵下的"油泵运行"按钮,点击料架下的"自动启动"按钮,自动模式开始运行。

运行过程中任何一个动作停止超过 20 s,都会在触摸屏的界面上出现报警信息,人工处理后,报警信息会消失。也可以点击左下角的报警消除,消除报警信息后才可以进行下一步动作。

实验完成停机,将控制面板上的"电源开关"由右转回中心位置,将配电箱内电源总开关、油压开关、控制开关全部由"ON"往下拨至"OFF"。然后用软的清洁布清理料缸周围,使其表面干净整洁,并且清理好设备的工作台以及磨具等配件。

5. 烧结的温度变化

记录烧结的温度变化,如表 26.2 所示。

表 26.2　烧结温度

温度(℃)	C_{01}	C_{02}	C_{03}	C_{04}	C_{05}	C_{06}	C_{07}	C_{08}
	0	120	120	300	500	1 500	1 600	1 600
时间(min)	t_{01}	t_{02}	t_{03}	t_{04}	t_{05}	t_{06}	t_{07}	t_{08}
	60	30	90	120	500	150	120	121

五、实验结果与讨论

(1) 获取试样烧结前后的 X 射线衍射图。

(2) 讨论成型时保压时间对成型材料性能的影响。

参 考 文 献

[1]　国家标准化委员会.钢丝缠绕式冷等静压机:JB/T 7348—2005[S].北京:中国质检出版社,2014.

[2]　杜苗凤,张培志,郭方全,等.粉料和冷等静压对凝胶注模成型 Al_2O_3 陶瓷致密化的影响[J].机械工程材料,2020,44(10):28-32.

[3]　陈杰,车明超,李阳,等.钛酸锶钡陶瓷晶粒生长动力学研究[J].人工晶体学报,2015,44(9):2433-2437.

[4]　刘志宏,谌伟,李玉虎,等.成型压力对冷等静压-烧结法制备 ITO 靶材中孔隙缺陷的影响[J].中国有色金属学报,2015,25(9):2435-2444.

[5]　李青,尹育航,刘鸿.冷等静压成型工艺对陶瓷结合剂金刚石磨具性能的影响[J].硅酸盐通报,2013,32(7):1379-1383.

[6]　邓娟利,范尚武,成来飞,等.冷等静压成型压制工艺对坯体性能的影响[J].陶瓷学报,2012,33(2):138-143.

实验二十七　钛碳化硅粉体的热压烧结成型

一、实验目的

(1) 掌握热压烧结工艺的工作原理及使用方法。

(2) 掌握钛碳化硅(Ti_3SiC_2)块体的制备方法及烧结工艺。

二、实验原理

三元层状化合物 Ti_3SiC_2 因其兼具陶瓷和金属的性能,所以受到材料研究者广泛关注。它们既有与金属相似的良好的导热性、导电性,又有与陶瓷材料相近的物理化学性能,如高熔点、抗氧化、耐化学腐蚀、耐高温和优良的抗热震性能等。

本实验使用 Ti,Si,TiC,Sn 等单质为原料,按一定比例混合加入无水乙醇,采用热压烧结的方法在 1 300 ℃温度下合成高纯度 Ti_3SiC_2 陶瓷块体。

三、实验仪器与试剂

1. 仪器

ZT-40-20Y 型真空热压炉、FA2004N 型电子分析天平。

2. 试剂

Ti(粒径小于 45 μm,99.9%)、Si(粒径小于 75 μm,99.5%)、TiC(粒径小于 50 μm,99%)、Si(粒径小于 45 μm,99.9%)、Sn(粒径小于 100 μm,99.5%)、无水乙醇。

四、实验步骤

1. 将原料混合搅拌

将 Ti,Si,TiC 和 Sn 4 种原料按照摩尔比为 1 : 1.2 : 2 : 0.1 的比例进行称取,称好的粉体进行机械混合,再倒入纯度高于 99.5% 的无水乙醇,使得固液体积比为 5 : 1。经过机械混合后的粉体混合物还处在潮湿的状态,为了避免粉体在空气中长时间放置发生氧化,应将湿粉放置于真空干燥箱内,65 ℃烘干 8 h。

2. 热压烧结

将样品放入热压炉中,按照程序升温到 1 300 ℃,保温 2 h,将炉温冷却至室温后取出。

五、实验结果与讨论

(1) 对制备的 Ti_3SiC_2 块体进行 XRD 分析。

(2) 测试制备的 Ti_3SiC_2 块体的物理性能。

六、思考题

(1) Ti_3SiC_2 材料的烧结温度是如何确定的？

(2) Ti_3SiC_2 有哪些优异的性能？

参 考 文 献

[1] 郭俊明,戴志福,刘贵阳,等.热压烧结燃烧合成 Ti_3AlC_2 粉体的研究[J].稀有金属材料与工程,2007,4:124-127.

[2] 葛振斌,陈克新,郭俊明,等.燃烧合成 Ti_3AlC_2 粉体的机理研究[J].无机材料学报,2003,4(2):427-432.

[3] 郭俊明,陈克新,葛振斌,等.添加 TiC 和 Ti_3AlC_2 对燃烧合成 Ti_3AlC_2 粉体的影响[J].无机材料学报,2003,4(1):251-256.

实验二十八 玻璃原料中二氧化硅的测定
(氟硅酸钾容量法)

一、实验目的

(1) 理解玻璃原料中二氧化硅(SiO_2)的作用。

(2) 掌握以氟硅酸钾(K_2SiF_6)容量法测定二氧化硅的方法。

二、实验原理

试样经碱熔融后,将不溶性 SiO_2 转为可溶性的硅酸盐,在强酸介质中与过量的钾离子、氟离子作用,定量地生成氟硅酸钾沉淀。该沉淀在热水中水解,相应地生成等量氢氟酸(HF),生成的氢氟酸用氢氧化钠标准溶液滴定,可求出试样中的二氧化硅含量。其反应方程式如下:

$$SiO_3^{2-} + 6F^- + 6H^+ \Longleftrightarrow SiF_6^{2-} + 3H_2O$$

$$SiF_6^{2-} + 2K^+ \Longleftrightarrow K_2SiF_6 \downarrow$$

$$K_2SiF_6 + 3H_2O \Longleftrightarrow H_2SiO_3 + 2KF + 4HF$$

$$HF + NaOH \longrightarrow NaF + H_2O$$

三、实验仪器与试剂

1. 仪器

低温电炉、滴定仪器。

2. 试剂

氢氧化钾(KOH)、氯化钾(KCl)、浓硝酸、盐酸、氟化钾(KF)、乙醇、氢氧化钠标准溶液、酚酞。

四、实验步骤

准确称取 0.1 g 试样(精确到 0.000 1 g),置于镍坩埚中,加 2 g 左右氢氧化钾,置低温电炉上熔融,不时摇动坩埚,在 600~650 ℃ 持续熔融 15~20 min,旋转坩埚,使熔融物均匀地附着在坩埚内壁上;冷却,用热水浸取熔融物并转移到 300 mL 塑料杯中,浸取时盖上表面皿。待熔融块完全浸出后,取出坩埚,用水清洗坩埚和盖;在搅拌条件下,用烧杯一次加入 15 mL 浓硝酸,再用少量盐酸及水(1∶1)冲洗坩埚,洗液连同熔融物都置于 300 mL 塑料杯中,控制体积在 60 mL 左右,冷却至室温。

在搅拌条件下加入固体氯化钾至过饱和(过饱和量控制在 0.5~1 g),缓慢加入 10 mL 氟化钾溶液(15 g/100 mL),用塑料棒搅拌,放置 7~10 min。用塑料漏斗及快速定性滤纸过滤,用氯化钾水溶液(5 g/100 mL)洗涤塑料杯 2~3 次,洗涤滤纸一次。将滤纸及沉淀放到原塑料杯中,沿杯壁加入 10 mL 的氯化钾-乙醇溶液(5 g/100 mL)及 1 mL 酚酞指示剂。用 0.15 mol/L 氢氧化钠标准溶液中和残余酸,仔细搅拌滤纸,并擦洗杯壁直至试液呈微红色不消失。加入 200~250 mL 中和过的沸水,立即以 0.15 mol/L 氢氧化钠标准溶液滴定至微红色。

五、实验结果与讨论

记录所用氢氧化钠标准溶液体积,二氧化硅的质量分数按下式计算:

$$x_{SiO_2} = \frac{CV \times \frac{1}{4} \times \frac{M_{SiO_2}}{1\,000}}{m} \times 100\%$$

式中,x_{SiO_2} 为二氧化硅的质量分数;

C 为氢氧化钠标准溶液的浓度(mol/L);

V 为滴定时消耗氢氧化钠标准溶液的体积(mL);

m 为试样质量(g);

M_{SiO_2} 为二氧化硅的摩尔质量(60.08 g/mol);

$\frac{1}{4}$ 表示每摩尔二氧化硅产生 4 mol 氟化氢,中和其需要 4 mol 的氢氧化钠。

参 考 文 献

[1] 铁安年,孙雅蓉,翟赞民.对氟硅酸钾容量法测定岩石中二氧化硅方法的改进[J].分析化学,1982,4(5):320,302.

[2] 王兰.如何提高氟硅酸钾容量法测硅的准确度和稳定性[J].华东地质学院学报,1982,4(1):114-118.

[3] 李克志.氟硅酸钾容量法测定岩石中的二氧化硅[J].分析化学,1979,4(6):482-483.

[4] 氟硅酸钾容量法测定硅酸盐水泥中二氧化硅[J].分析化学,1978,4(1):39-41.

实验二十九　玻璃原料中二氧化硅的测定（质量法-分光光度法）

一、实验目的

（1）了解质量法-分光光度法测定二氧化硅含量的优点。

（2）掌握用质量法-分光光度法测定二氧化硅含量的方法。

二、实验原理

质量法-分光光度法也称为盐酸一次脱水-硅钼蓝比色法。试样用 Na_2CO_3 熔融后，SiO_2 会转化为易溶于水的 Na_2SiO_3；用盐酸浸出，蒸干脱水，析出 H_2SiO_3 沉淀，其反应方程式如下：

$$Na_2SiO_3 + 2HCl \Longrightarrow 2NaCl + H_2SiO_3 \downarrow$$

由于析出的 H_2SiO_3 沉淀为胶体，经盐酸一次蒸干处理，会使硅酸变成了不溶的凝胶沉淀；称量并加入氢氟酸和硫酸处理，沉淀中的 Si 便以 SiF_4 的形式挥发。反应式如下：

$$SiO_2 + 4HF \Longrightarrow SiF_4 \uparrow + 2H_2O$$

剩余的残渣再经过灼烧、称量。两次称量之差即为 SiO_2 的质量。

硅酸经过一次蒸干处理后，仍然有一小部分以水溶性胶体的形式保留在溶液中，需要用硅钼蓝比色法进行回收测定，二者之和即为试样中 SiO_2 的含量。

硅钼蓝比色法首先是使正硅酸在适当酸度的溶液中与钼酸铵作用，生成黄色的硅钼蓝配合物。反应式如下：

$$H_4SiO_4 + 12H_2MoO_4 \Longrightarrow H_8[Si(Mo_2O_7)_6] + 10H_2O$$

然后还原剂抗坏血酸将其还原为硅钼蓝 $H_8[Si(Mo_2O_5)(Mo_2O_7)_5]$，此配合物具有较高灵敏度，其溶液吸光度与被测溶液中的 SiO_2 浓度成正比，符合比尔定律，可以通过在波长 700 nm 处测定溶液的吸光度，以求得溶液中 SiO_2 的含量。

三、实验仪器与试剂

1. 仪器

紫外可见分光光度计或可见分光光度计。

2. 试剂

碳酸钠（无水）、浓盐酸、浓氢氟酸、硫酸（1：4）、钼酸铵溶液（8 g/100 mL）、抗坏血酸溶液(2 g/100 mL)、氟化钾溶液(2 g/100 mL)、硼酸(H_3BO_3)溶液(2 g/100 mL)、氢氧化钠溶液(10 g/100 mL)、对硝基酚指示剂(0.5 g/100 mL)、乙醇、二氧化硅标准溶液(每毫升相当于 0.1 mg 的 SiO_2)。

四、实验步骤

1. 绘制工作标准曲线

在一组 100 mL 容量瓶中,分别加入 5 mL 的盐酸(1∶11)和 20 mL 水,摇匀。分别取 0 mL、1.00 mL、2.00 mL、3.00 mL、4.00 mL、5.00 mL、6.00 mL、7.00 mL、8.00 mL 的 SiO_2 标准溶液,加入 8 mL 的乙醇、4 mL 的钼酸铵溶液(8 g/100 mL),摇匀,于 20~30 ℃ 放置 15 min 充分显色,加入 15 mL 盐酸(1∶1),用水稀释至 90 mL 左右,加 5 mL 的抗坏血酸溶液(2 g/100 mL),用水稀释到标线,60 min 后在分光光度计上以试剂空白作参比。选用 5 mm 的比色皿,在波长 700 nm 处测定溶液的吸光度。按照测得的吸光度与比色溶液浓度的关系绘制标准曲线。

2. 试样的分析

将样品破碎至粒径 6 mm 以下,按照四分法缩分到 100 g。将缩分后的样品粉碎至粒径 0.5 mm 以下,继续缩分至约 20 g,试样经清洗、干燥后粉碎,粒径小于 0.08 mm,贮存于带磨口的广口瓶中备用(要注意避免带入杂质)。试样分析前应在 105~110 ℃ 烘干 1 h,置于干燥器中冷却至室温。

准确称取 0.5 g 试样,精确到 0.000 1 g,将试样置于铂坩埚中加 1.5 g 的无水碳酸钠,混匀;再取 0.5 g 无水碳酸钠盖在表面,盖上坩埚盖;先低温加热,逐渐升高温度到 1 000 ℃,熔融到透明状态,继续熔融 15~20 min。用坩埚钳夹持坩埚,小心旋转坩埚,使熔融物均匀地附着在坩埚内壁。冷却,用热水浸取熔融块移入铂蒸发皿(或瓷蒸发皿)中。

盖上表面皿,加入 10 mL 的盐酸(1∶1)以溶解熔融块,用少量盐酸(1∶11)及热水洗净坩埚,洗液并入到蒸发皿中,将皿置于水浴上蒸发至近干,冷却。加入 5 mL 浓盐酸,放置约 5 min,加 50 mL 热水,搅拌使盐类溶解。用中速定量滤纸倾泻过滤,滤液用 250 mL 容量瓶承接,以热盐酸洗涤皿壁及沉淀 8~10 次,热水洗涤 3~5 次。在沉淀上加 4 滴硫酸(1∶4)及 5~7 mL 浓氢氟酸,在低温电炉上蒸发至干,重复处理一次。逐渐升高温度,排出 SO_3 白烟,将残渣于 1 100 ℃ 灼烧 15 min,在干燥器中冷却至室温,称重,反复灼烧,直至恒重。

将上述滤液用水稀释至标线,摇匀。移取 25.00 mL 滤液至 100 mL 塑料杯中,加 5 mL KF 溶液(2 g/100 mL)摇匀。放置 10 min 后,加入 5 mL H_3BO_3 溶液(2 g/100 mL),加 1 滴对硝基酚指示剂(0.5 g/100 mL),滴加 NaOH 溶液(10 g/100 mL)至溶液变黄色,加 5 mL 盐酸(1∶11),移入 100 mL 容量瓶中,加入 8 mL 的乙醇、4 mL 的钼酸铵溶液(8 g/100 mL),摇匀,于 20~30 ℃ 放置 15 min,加入 15 mL 盐酸(1∶1),用水稀释至 90 mL 左右,加 5 mL 的抗坏血酸溶液(2 g/100 mL),

用水稀释到标线,60 min 后在分光光度计上以空白试剂作参比,选用 5 mm 的比色皿,在波长 700 nm 处测定溶液的吸光度。在标准曲线上查出二氧化硅的含量(c_1)。

五、实验结果与讨论

二氧化硅质量分数按下式计算:

$$M_{SiO_2} = \left(\frac{m_4 - m_5}{m_3} + \frac{c_1 \times 100}{m_3 \times 1\,000} \right) \times 100$$

式中,M_{SiO_2} 为二氧化硅的质量分数,以百分数表示;

m_3 为试样质量,单位为克(g);

m_4 为灼烧后未经氢氟酸处理的沉淀质量,单位为克(g);

m_5 为经氢氟酸处理后灼烧的残渣质量,单位为克(g);

六、思考题

(1) 用质量法-分光光度法测定二氧化硅的优点是什么?

(2) 质量法-分光光度法与氟硅酸钾法测定二氧化硅的区别是什么?

参 考 文 献

[1] 中华人民共和国国家建筑材料工业局.硅质玻璃原料化学分析标准:JC/T 753—2001 [S].北京:中国标准出版社,2001.

[2] 雷远春.硅酸盐材料理化性能检测[M].武汉:武汉理工大学出版社,2011.

实验三十 玻璃中氧化铁的测定
（邻菲罗啉比色法）

一、实验目的

（1）理解玻璃中氧化铁（Fe_2O_3）的作用。

（2）掌握邻菲罗啉比色法测定玻璃中氧化铁含量的方法。

二、实验原理

邻菲罗啉，又称二氮杂菲，分子式为 $C_{12}H_8N_2$，由二氮杂菲的相间苯环上彼此相距最近的两个碳原子被两个氮原子取代而成。在 pH＝1.5～9.5 的条件下，3 个分子的邻菲罗啉可通过 6 个氮原子环绕一个 Fe^{2+} 形成极为稳定的橘红色配合物 $[(C_{12}H_8N_2)_3Fe]^{2+}$。通过比色法可测定铁含量。在显色前，首先要用抗坏血酸或盐酸羟胺在 pH＝5～6 的条件下，将 Fe^{3+} 还原为 Fe^{2+}。反应式为

$$4Fe^{3+} + 2NH_2OH \longrightarrow 4Fe^{2+} + N_2O + H_2O + 4H^+$$

橙红色配合物溶液的吸光度与溶液中铁的浓度成正比，用分光光度计测定溶液的吸光度，然后在已绘制的 Fe_2O_3 工作曲线上查找其对应的 Fe_2O_3 浓度，即可求得试样中 Fe_2O_3 的质量百分数。

三、实验仪器与试剂

1. 仪器

低温电炉、721 分光光度计。

2. 试剂

40%氢氟酸、硫酸（1∶1）、盐酸（1∶1）、氨水（1∶1）、酒石酸溶液（10 g/100 mL）、邻菲罗啉溶液（0.1 g/100 mL）、对硝基苯酚指示剂溶液（0.5 g/100 mL）、氧化铁标准溶液（每毫升含 0.02 mg Fe_2O_3）。

四、实验步骤

1. 制备待测溶液

准确称取 0.5 g 试样（精确到 0.000 1 g）置于铂皿中，用少量水润湿，加入 1 mL

的硫酸(1∶1)和 10 mL 氢氟酸,放置于低温电炉上,放入通风橱内,蒸发至冒 SO_3 白烟;重复处理一次,逐渐升高温度,至 SO_3 白烟散尽。冷却加入 10 mL 盐酸(1+1)及约 15 mL 水,在电炉上加热溶解。冷却后移入 250 mL 容量瓶中,用水洗涤铂皿多次,合并入容量瓶中,用水稀至标线,摇匀,此为待测试液 A,可用于测定 Al_2O_3、Fe_2O_3、TiO_2、CaO 及 MgO。

2. 绘制工作曲线

分别取 0 mL、1.00 mL、3.00 mL、5.00 mL、7.00 mL、9.00 mL 和 11.00 mL 的 Fe_2O_3 标准溶液(每毫升含 0.02 mg Fe_2O_3),分别放入 100 mL 容量瓶中,用水稀释至 40~50 mL。加 4 mL 酒石酸溶液(10 g/100 mL),1~2 滴对硝基酚指示剂,滴加 $NH_3 \cdot H_2O$(氨水)(1∶1)至溶液呈黄色,随即滴加盐酸(1∶1)至溶液刚好无色,此时溶液 pH 约为 5。加 2 mL 盐酸羟胺溶液(10 g/100 mL)、10 mL 邻菲罗啉溶液(0.1 g/100 mL),用水稀释至标线,摇匀,此即为标准比色溶液系列。放置 20 min 后,在分光光度计上以空白试剂作参比,选用 1 cm 比色皿,在波长 510 nm 处测定溶液的吸光度,将测得的吸光度与标准比色溶液浓度的关系绘制工作曲线。

3. 试验溶液的测定

准确移取 25.00 mL 待测试液置于 100 mL 容量瓶中,用水稀释至 40~50 mL,加 4 mL 酒石酸溶液(10 g/100 mL)、1~2 滴对硝基酚指示剂,滴加氨水(1∶1)至溶液呈现黄色,随即滴加盐酸 (1∶1)至溶液刚好无色,此时溶液 pH 约为 5。加 2 mL 盐酸羟胺溶液(10 g/100 mL)、10 mL 邻菲罗啉溶液(0.1 g/100 mL),用水稀释至标线,摇匀,此即为标准比色溶液系列。放置 20 min 后,在分光光度计上以空白试剂作参比,选用 1 cm 比色皿,在波长 510 nm 处测定溶液的吸光度,在工作曲线上查得相应的 Fe_2O_3 含量。

五、实验结果与讨论

试样中氧化铁的质量分数按下式计算:

$$x_{Fe_2O_3} = \frac{C \times 10}{m \times 1000} \times 100\%$$

式中,$x_{Fe_2O_3}$ 为氧化铁的质量分数;

C 为在工作曲线上查到的每 100 mL 被测溶液中氧化铁的含量(mg);

10 为全部试验溶液与所分取试液的体积比;

m 为试样的质量(g)。

六、思考题

(1) 原料中的氧化铁对玻璃有什么危害?

（2）如何去除玻璃原料中的铁？

（3）用邻菲罗啉比色法测定玻璃中氧化铁的方法有什么优点？

参 考 文 献

雷远春.硅酸盐材料理化性能检测［M］.武汉:武汉理工大学出版社,2011.

实验三十一 玻璃中氧化钙、氧化镁的测定

一、实验目的

(1) 掌握测定玻璃中氧化钙(CaO)、氧化镁(MgO)含量的方法。

(2) 掌握用固体指示剂测定的方法。

二、实验原理

钙的配位滴定要在强碱性溶液中进行,在 pH 大于 13 时,Ca^{2+} 与钙黄绿素-甲基百里香酚蓝-酚酞(简写成 CMP)混合指示剂发生配位反应,生成有绿色荧光的 Ca^{2+} — CMP 配合物。在用 EDTA 标准溶液进行滴定时,Ca^{2+} — CMP 配合物中的 Ca^{2+} 被 EDTA 夺去,生成无色、稳定的 CaY^{2-} 配合物,绿色荧光消失。此时指示剂游离出来,呈现出本来的红色,即到达终点。有关反应式如下:

显色反应:

$$Ca^{2+} + CMP(红色) \Longrightarrow Ca^{2+} — CMP(绿色荧光)$$

滴定反应:

$$Ca^{2+} + H_2Y^{2-} \Longrightarrow CaY^{2-} + 2H^+$$

终点反应:

$$Ca^{2+} — CMP(绿色荧光) + H_2Y^{2-} \Longrightarrow CaY^{2-} + CMP(红色) + 2H^+$$

溶液中的 Fe^{3+}、Al^{3+}、TiO^{2+}、Mn^{2+} 等,应在酸性溶液中加入三乙醇胺来掩蔽,在 pH 大于 12 的条件下,用 $Mg(OH)_2$ 沉淀,从而消除干扰。

在 pH 为 10 的溶液中,以三乙醇胺、酒石酸钾钠作为掩蔽剂,用酸性铬蓝 K-萘酚绿 B 作指示剂(或用铬黑 T 作指示剂),以 EDTA 标准滴定溶液滴定钙、镁总量。反应式如下:

显色反应:

$$Mg^{2+} + HJ^{2-} \Longrightarrow MgJ^- + H^+$$

$$Ca^{2+} + HJ^{2-} \Longrightarrow CaJ^- + H^+$$

纯蓝色变为酒红色。

滴定反应:

$$Mg^{2+} + H_2Y^{2-} \Longrightarrow MgY^{2-} + 2H^+$$

$$Ca^{2+} + H_2Y^{2-} \Longrightarrow CaY^{2-} + 2H^+$$

终点反应：

$$MgJ^- + H_2Y^{2-} \rightleftharpoons MgY^{2-} + HJ^{2-} + H^+$$
$$CaJ^- + H_2Y^{2-} \rightleftharpoons CaY^{2-} + HJ^{2-} + H^+$$

酒红色变为纯蓝色。

从滴定 Ca^{2+}、Mg^{2+} 总量消耗的 EDTA 的毫升数中，减去滴定 Ca^{2+} 时消耗的 EDTA 的毫升数，即可求得镁的含量。

三、实验试剂

三乙醇胺(1∶1)、盐酸羟胺、酒石酸钾钠。

氢氧化钾溶液(200 g/L)：称取 20 g 氢氧化钾于塑料瓶中，加入 100 mL 水溶解，放于塑料瓶中备用。

钙黄绿素-甲基百里香酚蓝-酚酞(简写成 CMP)混合指示剂：称取 1.000 g 钙黄绿素、1.000 g 甲基百里香酚蓝、0.200 g 酚酞与 50 g 已在 105～110 ℃烘干过的硝酸钾，在玛瑙研钵中仔细研磨均匀，贮存于磨口棕色瓶中备用。

酸性铬蓝 K-萘酚绿 B 混合指示剂：称取 1.000 g 酸性铬蓝 K、3.000 g 萘酚绿 B 与 50 g 已在 105～110 ℃烘干过的硝酸钾，在玛瑙研钵中仔细研磨均匀，贮存于磨口棕色瓶中备用。

氨水-氯化铵缓冲溶液(pH 为 10)：称取 67.5 g NH_4Cl 溶解于适量水中，加入 570 mL 氨水，稀释到 1 L。

氧化钙标准溶液(1.00 mg/mL)：称取 1.784 8 g 预先经过 105～110 ℃烘干 2 h 的碳酸钙($CaCO_3$，基准试剂)，置于 200 mL 烧杯中，盖表面皿，加少量水，缓慢加入 20 mL 盐酸(1∶1)溶解，加热微沸以驱尽 CO_2，冷却，移入 1 L 容量瓶中，用水稀释至标线，摇匀。

乙二胺四乙酸二钠(EDTA)标准滴定溶液(0.01 mol/L)：称取 3.7 g 乙二胺四乙酸二钠，置于烧杯中，加入约 200 mL 水，加热溶解，用水稀释至 1 L。

EDTA 标准滴定溶液(0.01mol/L)的标定：移取 10.00 mL 氧化钙标准溶液(1.00 mg/mL)置于 300 mL 烧杯中，在搅拌下加入氢氧化钾溶液(200 g/L)至溶液 pH 约为 12，再加过量 2 mL 氢氧化钾溶液(200 g/L)，加入适量的 CMP 指示剂，用 EDTA 标准溶液滴定至绿色荧光消失并呈现红色，计算 EDTA 标准滴定溶液(0.01 mol/L)的浓度。

四、实验步骤

1. 氧化钙的测定

准确吸取 25.00 mL 溶液 A 置于 300 mL 锥形瓶中，加水稀释至 150 mL，加少量盐酸羟胺、加 5 mL 三乙醇胺(1∶1)，在搅拌下加入氢氧化钾溶液(200 g/L)至溶液 pH 为 12，再加 2 mL 氢氧化钾溶液(200 g/L)(过量)，加入适量的 CMP 指示剂，用 EDTA 标准溶液滴定至绿色荧光消失并呈现红色,消耗的标准溶液体积记为 V_1(mL)。

2. 氧化镁的测定

准确吸取 25.00 mL 溶液 A 置于 300 mL 锥形瓶中,加水稀释至 150 mL,加 3 mL 三乙醇胺(1:1),以氨水(1:1)调至 pH 近似 10(大约加 8 mL),再加 10 mL 的 pH 为 10 的氨水-氯化铵缓冲溶液,加适量的 K-B 指示剂,用 EDTA 标准溶液滴定由紫红色变为蓝绿色,消耗的标准溶液体积记为 V_2(mL)。

五、实验结果与讨论

1. 氧化钙的质量分数

按照下式计算:

$$W_{CaO} = \frac{C_{EDTA} \times V_1 \times M_{CaO} \times 10}{m \times 1000} \times 100\%$$

式中,W_{CaO} 为氧化钙的质量分数,以百分数表示;

C_{EDTA} 为 EDTA 标准滴定溶液的浓度,单位为 mol/L;

V_1 为滴定氧化钙时消耗 EDTA 标准滴定溶液的体积,单位为 mL;

M_{CaO} 为氧化钙的摩尔质量,为 56.08 g/mol;

m 为试样的质量,单位为 g。

2. 氧化镁的质量分数

$$W_{MgO} = \frac{C_{EDTA} \times (V_2 - V_1) \times M_{MgO} \times 10}{m \times 1\,000} \times 100\%$$

式中,W_{MgO} 为氧化镁的质量分数,以百分数表示;

C_{EDTA} 为 EDTA 标准滴定溶液的浓度,单位为 mol/L;

V_2 为滴定氧化镁时消耗 EDTA 标准滴定溶液的体积,单位为 mL;

V_1 为滴定氧化钙时消耗 EDTA 标准滴定溶液的体积,单位为 mL;

M_{MgO} 为氧化镁的摩尔质量为 40.31 g/mol;

m 为试样的质量,单位为 g。

六、思考题

(1) 固体指示剂的加入量对溶液滴定终点有何影响?

(2) 测定氧化镁时溶液的 pH 对滴定结果有何影响?

参 考 文 献

雷远春.硅酸盐材料理化性能检测[M].武汉:武汉理工大学出版社,2011.

实验三十二 玻璃中氧化铝的测定

一、实验目的

（1）了解玻璃中氧化铝的作用。

（2）掌握测定玻璃中氧化铝含量的方法。

二、实验原理

EDTA-锌盐回滴定法测定氧化铝是在酸性溶液中加入过量的 EDTA 标准滴定溶液，加热煮沸，使 Fe^{3+}、Al^{3+}、TiO^{2+} 完全和 EDTA 配合，冷至室温，再将溶液调至 pH＝5.5～5.8，以二甲酚橙为指示剂，用乙酸锌标准滴定溶液回滴定剩余的 EDTA，溶液由黄色变为红色即为终点。此法测得的结果为铁、铝、钛的含量。若在滴定完铁后的溶液中加入过量的 EDTA 溶液，则测得结果为铝、钛的含量。

三、实验试剂

氨水（$NH_3 \cdot H_2O$）（1∶1）、二甲酚橙指示剂溶液（0.2 g/100 mL）、六次甲基四胺-盐酸缓冲溶液（pH＝5.5）、EDTA 标准滴定溶液（0.01 mol/L）、乙酸锌标准液（$(CH_3COO)_2Zn$，0.01 mol/L）。

标准滴定溶液的配制及标定：称取 2.1 g 乙酸锌置于烧杯中，加入少量水及 2 mL 的冰乙酸，移入 1 L 容量瓶，用水稀释至标线，摇匀。

移取 10.00 mL EDTA 标准溶液置于 300 mL 烧杯中，加入约 150 mL 水，再加 5 mL 六次甲基四胺-盐酸缓冲溶液（pH ＝5.5）和 3～4 滴二甲酚橙指示剂，用乙酸锌溶液滴定 EDTA 溶液由黄色至玫瑰红色，根据消耗的体积计算乙酸锌标准溶液与 EDTA 标准溶液的体积比。

四、实验步骤

吸取 25.00 mL 待测试液 A 置于 300 mL 烧杯中，用滴定管准确加入 0.01 mol/L 的 EDTA 标准滴定液 10.00 mL，以氨水（1∶1）调节试液 pH 至 3～3.5，煮沸 2～3 min，冷却至室温，用水稀释至 200 mL 左右。加 5 mL 六次甲基四胺-盐酸缓冲液（pH ＝5.5）和 3～4 滴二甲酚橙指示剂，用 0.01 mol/L 的乙酸锌标准液滴定试液由黄色至玫瑰红色。

五、实验结果与讨论

试样中氧化铝的质量分数按下式计算：

$$W_{Al_2O_3} = \frac{C_{EDTA} \times 50.98 \times (V_2 - KV_1) \times 10}{m \times 1000} \times 100$$

式中，$W_{Al_2O_3}$ 为氧化铝的质量分数，以百分数表示；

C_{EDTA} 为 EDTA 标准滴定溶液的浓度，单位为 mol/L；

V_2 为加入 EDTA 标准滴定溶液的体积，单位为 mL；

V_1 为滴定过量 EDTA 消耗乙酸锌标准滴定溶液的体积，单位为 mL；

K 为每毫升乙酸锌标准滴定溶液相当于 EDTA 标准滴定溶液的体积数；

50.98 为氧化铝的摩尔质量的一半，单位为 g/mol；

m 为试样的质量，单位为 g。

六、思考题

(1) 氧化铝对玻璃的性能有何影响？

(2) 为什么酸度对测定有较大的影响，pH 必须控制在 5.5～5.8 之间？

参 考 文 献

雷远春.硅酸盐材料理化性能检测[M].武汉:武汉理工大学出版社,2011.

实验三十三　玻璃配合料均匀度的测定

一、实验目的

(1) 掌握电导仪测定玻璃配合料均匀度的方法和原理。

(2) 掌握测定玻璃配合料均匀度的意义。

二、实验原理

将石英砂、纯碱、石灰石、硝酸盐等原料及碎玻璃按确定的比例混合即得到玻璃配合料。配合料的均匀程度对玻璃的熔制有很大影响。因此,测定配合料的均匀度对玻璃生产有重大意义,也是防止玻璃产生缺陷的基本措施之一。配合料的均匀度可用筛分法、化学分析、滴定法、电导法等方法进行测定,最常用的是电导法和滴定法。

本实验采用电导法测定玻璃配合料的均匀度。将配合料置于水中,配合料中可溶性盐电离成为离子。在配合料溶液中插入电极并通电,则在电极的两极片间产生电场。在电场作用下,溶液中的阳离子移向阴极,阴离子移向阳极,此时溶液中就会产生电流,电流的大小与电压及溶液的电导率成正比,当电压一定时,则与溶液电导率有关。溶液的电导率是溶液中各种离子的导电能力的总和,每一种离子的导电能力与其离子浓度、离子电荷和离子迁移速度成正比。对于浓度相同的确定的配合料溶液,在一定的温度条件下,可认为溶液电导率与溶液中总离子浓度成正比,即与配合料中水溶性盐的含量成正比。如果把各试样中水溶性盐的含量差别作为判断配合料的均匀度的指标,则根据各配合料的电导率的差异便可判断配合料的均匀度。

三、实验仪器与试剂

1. 仪器

DDS-11A 型电导率仪、磁力搅拌器、分析天平。

2. 试剂

玻璃配合料。

四、实验步骤

1. 取样及处理

随机在已混合好的配合料堆上 5 个不同部位取样,每处取样 2 g 左右,各分散在 100 mL 蒸馏水中。利用磁力搅拌器搅拌 5 min,静置片刻使可溶性盐充分溶解。

2. 电导率测定

测试选用 DJS-1 型铂黑电极,清洗干净后用电极夹夹紧电极的胶塑帽,将电极固定在电极杆上,并接通电极导线。将电极浸入与室温相同的蒸馏水中,待电极稳定后,取出浸入第一个配合料溶液中,并用电极稍做搅拌,即可测量读数,并记录。测毕,关闭电源,取出电极,并浸入蒸馏水中。

将电极取出插入下一份溶液中并搅拌,重复操作测定另 4 份样品溶液的电导率值。

五、实验结果与讨论

记录每份样品溶液的电导率,采用有限次测定的标准离差表示玻璃配合料均匀度。

六、思考题

(1) 配合料的最佳混合时间由什么来确定?

(2) 利用电导率法主要测定配合料中哪一类组成的均匀度?

(3) 配合料的均匀度与哪些因素有关?

参 考 文 献

[1]　何为.玻璃配合料的均匀度[J].玻璃与搪瓷,1999,4(6):11-21.

[2]　谭立江.玻璃配合料质量的评价[J].玻璃,1992,4(6):30-34.

实验三十四　玻璃析晶性能的测定

一、实验目的

(1) 用梯温法测定某种玻璃的析晶性能。
(2) 掌握梯温法测定某种玻璃析晶温度的原理和方法。
(3) 了解玻璃析晶的原因及工艺意义。

二、实验原理

一般玻璃析晶,是在使黏度为 $10\sim10^5$ Pa·s 的温度范围(该玻璃系统液相线温度以下)内发生的。玻璃的析晶主要取决于晶核形成速度、晶核生长速度以及熔融体的黏度,同时与玻璃液在该温度下的保温时间有关。晶核形成速度是指在一定温度下在单位时间内单位容积中所形成的晶核数目(个数/min)。晶体生长速度是指在单位时间内晶体增长的线长度(μm/min)。晶核形成的最大速度和晶核长大的最大速度分别在两个不同的温度范围里出现,所以只有在两者都有较高速度的温度下才最易析晶。测定玻璃析晶性能就是指测定玻璃的析晶温度的上限和下限以及在该温度范围内玻璃的析晶程度。即玻璃析晶是发生在晶核形成最大速度和晶体生长最大速度之间的两速度曲线重叠部分所对应的温度范围内,也就是通常所说的玻璃析晶温度范围。

测定玻璃析晶性能的方法除梯温法外还有骤冷法、热分析法等。热分析法包括差热分析仪法和高温显微镜法两种。

本实验利用梯温炉来测定玻璃的析晶温度。梯温法又称强制结晶法,它操作简便,测定精度可以满足科研和生产的一般需要,因此得到广泛应用。在梯温炉中,由于炉中心部分的温度最高,两边的温度有规律地降低,因此总有一个温度范围是玻璃的结晶化合物的结晶温度。当试样在炉内恒温一段时间后,晶相和玻璃相之间就可能建立热平衡而出现析晶,这时将试样取出并迅速冷却。目测或在显微镜下观察析晶程度,就可确定玻璃表面出现结晶化合物的临界温度,即析晶上、下限温度。根据所测玻璃析晶温度范围,可制定合理的成型与热加工制度,就可以避免产生析晶,得到透明度理想的玻璃;或者通过控制结晶,得到符合要求的微晶玻璃。

三、实验仪器与试样

1. 仪器

梯温析晶测定仪 1 台、金相显微镜或偏光显微镜 1 台、电位差计 1 台、铂铑热电偶 2 支、瓷舟(或铂金舟)若干。

2. 试样

玻璃条或淬火后的玻璃碎块若干。用来测定析晶能力的玻璃应无缺陷(如气泡、砂子等);待测玻璃为板状或棒状的,可将试样截成长 190 mm、宽 5 mm 的条;如为块状或球状样品,可淬火后敲成小块。

把试样洗净、烘干,把瓷舟内表面刷净烘干。

四、实验步骤

(1) 接好线路,再检查一遍接好的线路,通电升温,待炉管中心温度达到 1 150 +2 ℃,保持稳定。

(2) 将试样均匀地放在瓷舟中,然后把装有试样的瓷舟慢慢地从炉口推至中心(即最高温度处),使瓷舟的端头正好处于测温热电偶的下方。

(3) 在炉管中心放入长度为 50 cm 的铂铑-铂热电偶,使热端位于炉心温度最高处,等温度稳定时,先测出炉管中心的最高点温度,然后将热电偶向外移动 1 cm,停留一段时间等温度稳定后读数,每移动 1 cm 测温一次。在测得炉中央至炉口各点的温度后,将测得的各点温度值标记在直角坐标纸上(比例为 1:1),画出"温度-炉长"曲线,即梯温曲线。

(4) 试样在炉中保温一段时间(3~6 h)后,将瓷舟迅速取出,当瓷舟内的玻璃表面呈微红色时,迅速观察玻璃表面的结晶情况。在高温段,晶体消失处为析晶上限;在低温段,晶体不生长处为析晶下限。观察时,用铅笔在瓷舟边画出析晶上、下限的标记。或者将瓷舟冷却至室温,在金相显微镜或偏光显微镜下观察玻璃表面的结晶情况。

(5) 将瓷舟与梯温曲线相对照,根据在瓷舟留下的析晶上、下限标记的位置,查出对应的温度值,此即为玻璃的析晶上、下限温度。

五、实验结果与讨论

1. 数据记录

(1) 试样牌号、试样成分、试样来源、取样日期等。

(2) 梯温炉中心的温度、保温时间、测定日期和时间、操作者姓名等。

2. 数据处理

(1) 根据炉中温度分布情况绘制梯温曲线。

(2) 定出析晶上、下限温度。

（3）在同一炉中，用同一种玻璃试样重复试验 2 次，要求 2 次析晶温度测试值相差 10 ℃以内，如不符合则需再取一组试样重做。最后，由 2 次或 2 次以上的测试值算出平均析晶温度。

六、思考题

（1）玻璃为什么会析晶？
（2）梯温法测定玻璃析晶温度的原理是什么？

参 考 文 献

[1] 陈阔,李长久,贾阳,等.Fe₂O₃掺杂对 MgO-Al₂O₃-SiO₂系玻璃析晶和性能的影响[J].人工晶体学报,2016,45(12):2778-2784.

[2] 杨志杰,李宇,苍大强,等.Fe^{2+}、Fe^{3+}对 CaO-Al₂O₃-SiO₂-MgO 系微晶玻璃析晶性能的影响规律[J].材料科学与工艺,2012,20(2):45-51,60.

[3] 范春梅,孙诗兵,王为,等.电子束辐照对 BaO-SrO-TiO₂-SiO₂玻璃析晶性能的影响[J].硅酸盐学报,2003,4(4):410-412.

实验三十五　玻璃退火温度的测定

一、实验目的

(1) 了解玻璃退火的实质。
(2) 掌握测定玻璃退火温度的原理和方法。

二、实验原理

为了消除质地不均匀所产生的内应力,绝大多数玻璃制品在生产时都需进行退火处理(少数薄壁的小件制品有时可省去退火工序),以期减少或消除玻璃中的内应力,提高制品的机械强度和热稳定性,减少生产过程中的破损,提高产品的产量。测定玻璃退火温度的上、下限,可以合理地制定退火工艺制度,对生产控制有很大作用。

玻璃内应力的消除与玻璃黏度有关,黏度越小,应力松弛越快,应力消除也越快。退火处理的安全温度,常称为最高退火温度或退火点,它是指维持 3 min 即能使玻璃的应力消除 95% 的温度,相当于玻璃黏度为 10^{12} Pa·s 时的温度。最低退火温度是指维持 3 min 仅能使应力消除 5%,即相当于玻璃黏度为 10^{15} Pa·s 时的温度。玻璃退火温度与其化学组成有关,普通工业玻璃的最高退火温度为 400～600 ℃,一般采用的最低退火温度比这个温度低 50～150 ℃。

理论和实验都证明,在玻璃的退火温度范围内,玻璃试样退火时的剩余应力 δ_i 与初始应力 δ_0 的比值(δ_i/δ_0)与温度呈线性关系,因此根据上述定义就可以求出玻璃的最高退火温度和最低退火温度。

三、实验仪器与试样

1. 仪器

测定玻璃最高退火温度和最低退火温度的装置与测定玻璃内应力的装置相同。所用设备及需要增加的附件如下:双折射仪 1 台、管式电炉 1 台、电位差计 1 台、秒表 1 只、自耦变压调压器 1 台。

2. 试样

以 10 mm×10 mm×10 mm 的方块玻璃或者 6 mm(直径)×30 mm(长)的棒状玻璃作为待测试样。

四、实验步骤

1. 试样制备

(1) 制备块状试样：用玻璃刀或切片机将待测玻璃切成尺寸为 10 mm×10 mm ×10 mm 的方块玻璃，选取无砂子、条纹、气泡、裂纹等缺陷的小块为试样。试样需经淬火处理，即将选取的试样置于马弗炉中，在稍高于玻璃退火温度下保温 0.5～1 h，取出在空气中自然冷却到室温。

(2) 制备棒状试样：可选取直径 6 mm 的玻璃棒作为试样，用薄砂轮片将玻璃棒切成约 30 mm 长的棒状试样，然后按(1)方法进行淬火处理。

2. 仪器的调整

在双折射仪中，用管式退火炉代替载物台，并进行调整，使炉管的中轴与光学系统的中轴一致。

3. 块状试样的制备

(1) 在试样支架上装上玻璃试样(即被测试样)，推入炉管中央。边调整支架的位置，边观察试样，直至试样的四周边缘出现 4 个月牙形的亮域，此时检偏镜旋转角度为 ϕ_0。按照上述测定内应力的方法测出内应力最大时的光程差，即旋转检偏镜时试样左、右两侧边缘出现月牙形小亮域(上、下无月牙形)，定出应力值最大时的初始角度 ϕ_{max}。

(2) 用校正好的镍铬-镍铝热电偶及电位差计组合测定炉温，热电偶的热端应刚好置于试样的顶上，尽量靠近试样，但不要接触电源，用调压器控制好升温速度。

(3) 检查管式炉电路，接通电源，从室温升温至退火温度以下 150 ℃ 左右(对工业玻璃来说，在 350 ℃ 以下)，升温速度不限制；到达 300 ℃ 以后，开始用高压器控制升温速度为 3 ℃/min，注意观察视域内试样干涉色的变化。当试样进入最低退火温度时，光程差(即干涉色)开始显著平稳地减小，试样两侧的月牙形小亮域往边缘移动时，慢慢旋转偏镜，使月牙形亮域出现于试体两侧边缘位置，以保持原始 ϕ_{max} 时月牙形亮域的大小，并记下此时的角度 ϕ_i 和温度 T_i。如此下去，直到试样体内的光差为"0"，此时正好检偏镜转回到 ϕ_0 的位置上，视域全黑，即应力完全消除。

(4) 待炉子冷却至室温，换下一个试样，重复试验。

4. 棒状试样的测定方法

若测定 6 mm(直径)×30 mm(长)的棒状试样，步骤同块状试样的测定步骤一样，只是观察的现象有所不同，当 ϕ_0 时，试样周围视场呈"深灰色"，试样中央呈现出一条最亮线。将检偏镜旋转，至看到试样中的亮线变成原来视域所呈现的"深灰色"为止，读出检偏刻度盘上的角度 ϕ_{max}。控制 3 ℃/min 升温，当接近最低退火温度时，开始观察试样干涉色的变化。旋转检偏镜以维持中央的原始"深灰色"，每 3 min 观察记录一次，直到视场与试样呈现相同颜色为止。此时，检偏镜刻度盘的

位置正好回到 ϕ_0 时的位置,应力全部消除。

五、实验结果与讨论

1. 数据记录

记录退火温度测定的原始数据。

2. 图解法确定最高、最低退火温度

在直角坐标纸上以温度为横坐标,以 δ_i/δ_0 为纵坐标作图。在 δ_i/δ_0-T 直线上取 δ_i/δ_0 在 0.95 和 0.05 的点所对应的温度值,此即分别为该玻璃的最低退火温度和最高退火温度。

六、思考题

(1) 退火的目的和实质是什么?

(2) 什么是最高和最低退火温度?

(3) 为提高测定的准确性,在实验过程中应注意哪些事项?

参 考 文 献

[1] 中华人民共和国国家建筑材料工业局.石英玻璃制品内应力检验方法:JC/T 655—1996 [S]. 1996,12.

[2] 伍洪标,谢峻林,冯小平.无机非金属材料实验[M].武汉:武汉理工大学出版社,2011.

[3] 车驰骋,陈洋,李钱陶.微晶玻璃应力测量与退火实验研究[J].玻璃与搪瓷,2016,44(2):5-9.

[4] 周美茹,陈国强.浮法玻璃退火温度梯度控制与生产实践[J].玻璃,2013,40(10):12-15.

[5] 张景超,李贺光,闫玺.玻璃退火的应力分析[J].燕山大学学报,2012,36(3):235-240.

实验三十六 玻璃熔制成型实验

一、实验目的

(1) 掌握玻璃组成的设计方法和配方的计算方法。
(2) 了解玻璃熔制的原理和过程以及影响玻璃熔制的各种因素。
(3) 针对生产工艺上出现的问题提出解决方法。
(4) 熟悉高温炉和退火炉的使用方法及玻璃熔制的操作技能。
(5) 掌握玻璃熔制制度的制定方法。

二、实验原理

玻璃工艺实验主要包括玻璃成分设计、原料选择、配料计算、玻璃熔制、玻璃成型、玻璃退火、玻璃冷热加工、玻璃材料表面装饰以及玻璃材料的性能检测等。根据玻璃制品的性能要求,设计玻璃的化学组成,并以此为主要依据,进行配料。制备好的配合料在高温下加热,将发生一系列的物理的、化学的、物理化学的变化,变化的结果使各种原料的机械混合物变成了复杂的熔融物,即没有气泡、结石、均匀的玻璃液,然后均匀降温以供成型需要。这个过程大致分为五个阶段:硅酸盐形成、玻璃形成、澄清、均化和冷却。

三、实验仪器与试剂

1. 仪器

硅钼棒电炉(使用上限温度为1700 ℃)、硅碳棒电炉(使用上限温度为1400 ℃)、电子天平、刚玉坩埚、不锈钢挑料棒、长坩埚钳、加料勺、护目镜、石棉手套、成型模具等。

2. 试剂

玻璃原料。

四、实验步骤

1. 玻璃的配合料

根据计算所得的玻璃配方,将所用的各种原料按照一定比例称量、混合即成玻璃配合料。玻璃配合料配制的质量,对玻璃熔制和玻璃材料质量起着决定性的作用。因此在配合料的制备工艺过程中,必须做到认真细致、准确无误。

当配方确定之后,按照配料单将所需用的各种原料按称量的先后顺序放置,此时还应认真核对各原料的名称、外观、粒度等,以做到准确无误。校准称量用天平,要求天平精确到 0.1 g,同时准备好称量、配料要用的器具,如研钵、筛子、盆、塑料布等。按照配料的先后次序,分别精确称取各原料。称量时每称一种原料就同时在配料单上做一个记号,以防重称和漏称。对于块状原料或颗粒度大的原料应先研磨过筛然后再称量。在实验室配料时对于粉状原料最好先称量后研磨过筛预混合。当各种原料称量完后,应称量一次总的质量,若总的质量无误则说明称量准确。称量过程中应一人称量,一人取料,一人监督(以确保配料的准确性)。将称量好后的各原料进行混合。混合的方法是先预混,过 40～60 目筛 2～3 次,然后将配合料倒在一块塑料布上,以对角线方向来回拉动塑料布,使配合料进一步混合均匀。在实验室一般采用人工配料混合,也有采用 V 形混料机混合的。最后把混合均匀的配合料装入料盆。配合料的常规检验项目为含水率和均匀度。

本次实验的玻璃组成以 $Na_2O-CaO-SiO_2$ 组合为主,可以设计并制备出不同颜色的器皿玻璃用材料,并对所设计的玻璃进行有关性能的计算和测定,热膨胀系数:$(85～88)×10^{-7}/℃$(室温～300 ℃);热稳定性:$\Delta T>100$ ℃;抗水化学稳定性:<3 级;熔化温度:<1 420 ℃;退火温度:<570 ℃。颜色要求:2 mm 厚时为天蓝色、海蓝色、绿色、紫色、黑色、孔雀蓝色。成型方法为人工吹制成型。设计组成参考表 36.1～表 36.4。

表 36.1　透明玻璃器皿组成(质量百分比)

SiO_2	Al_2O_3	B_2O_3	CaO	BaO	Na_2O	K_2O	ZnO	Na_2SiF_6	合计
72.0%	0.5%	0.8%	5.0%	0.5%	17.5%	1.5%	1.0%	1.2%	100.0%

表 36.2　乳白器皿玻璃组成(质量百分比)

SiO_2	Al_2O_3	B_2O_3	PbO	CaF_2	Na_2O	K_2O	Sb_2O_3	Na_2SiF_6	合计
62.1%	5.2%	2.6%	4.4%	2.6%	12.6%	2.0%	0.5%	8.0%	100.0%

表 36.3　红色器皿玻璃组成(质量百分比)

SiO_2	B_2O_3	ZnO	Na_2O	K_2O	CdS	Se	合计
62.0%	3.0%	12.0%	9.0%	13.2%	0.7%	0.1%	100.0%

表 36.4　仿绿玉色玻璃组成(质量百分比)

SiO_2	Al_2O_3	B_2O_3	BaO	S	Na_2O	$K_2Cr_2O_7$	CuO	Na_2SiF_6	合计
69.2%	8.2%	0.6%	1.6%	0.13%	17.0%	0.15%	0.1%	3.02%	100.0%

　　由石英砂引入 SiO_2，氢氧化铝引入 Al_2O_3，纯碱引入 Na_2O，碳酸钙引入 CaO，十水硼砂引入 B_2O_3，氧化锌引入 ZnO，氟硅酸钠引入 F，所用澄清剂和着色剂自选并确定百分含量，也可以用占配合料的百分含量计算。

　　以透明无色玻璃器皿（质量百分比）组成举例，以制备 $100\,g$ 玻璃为例计算各原料用量（表 36.5）：

　　石英砂用量：
$$100:99.74 = X:72, \quad X = 72 \times \frac{100}{99.74} = 72.19\,(g)$$

　　氢氧化铝用量：
$$100 \times \frac{0.5}{98 \times 0.654} = 0.78\,(g)$$

　　碳酸钙用量：
$$100 \times \frac{0.5}{98 \times 0.560} = 9.111\,(g)$$

　　碳酸钾用量：
$$100 \times \frac{1.5}{98 \times 0.681} = 2.25\,(g)$$

　　十水硼砂用量：
$$100 \times \frac{0.8}{97 \times 0.365} = 2.26\,(g)$$

　　由 $2.26\,g$ 硼砂引入 Na_2O 量：
$$2.26 \times 16.3\% = 0.37\,(g)$$

　　纯碱用量：
$$100 \times \frac{17.5 - 0.37}{98 \times 0.585} = 29.88\,(g)$$

　　碳酸钡用量：
$$100 \times \frac{0.5}{98 \times 0.777} = 0.66\,(g)$$

　　氧化锌用量：
$$100 \times \frac{1}{99} = 1.01\,(g)$$

　　氟硅酸钠用量：
$$100 \times \frac{1.2}{97} = 1.24\,(g)$$

合计：$119.38\,g$。

　　澄清剂用量计算：

　　二氧化铈按配合料总量的 0.5% 加入：
$$119.38 \times \frac{0.5\%}{97\%} = 0.62\,(g)$$

硝酸钠按配合料总量的 3%～4% 加入：

$$119.38 \times \frac{4\%}{98\%} = 4.87\,(g)$$

着色剂用量计算(以透明蓝色玻璃为例)：

氧化铜按配合料总量的 1%～2% 加入：

$$119.38 \times \frac{1.5\%}{98\%} = 1.83\,(g)$$

表 36.5　透明玻璃实际配料表

原料名称	石英砂 (g)	氢氧化铝 (g)	碳酸钙 (g)	碳酸钾 (g)	十水硼砂 (g)	纯碱 (g)
100 g 透明无色玻璃	72.19	0.78	9.11	2.25	2.26	29.88
100 g 透明蓝色玻璃	72.19	0.78	9.11	2.25	2.26	29.88
	碳酸钡 (g)	氧化锌 (g)	氟硅酸钠 (g)	硝酸钠 (g)	二氧化铈 (g)	氧化铜 (g)
100 g 透明无色玻璃	0.66	1.01	1.24	4.87	0.62	—
100 g 透明蓝色玻璃	0.66	1.01	1.24	4.87	0.62	1.83
合计 (g)	100 g 透明无色玻璃	124.87				
	100 g 透明蓝色玻璃	126.70				

2. 玻璃的熔制

玻璃的熔制过程是将配合料进行高温加热,使配合料发生一系列物理的、化学的及物理化学的现象和反应,最后使之成为符合要求的玻璃。这是一个非常复杂的过程,一般把玻璃的熔制过程分为 5 个阶段,即硅酸盐形成,玻璃形成、澄清、均化和冷却。

硅酸盐形成阶段的温度为 800～900 ℃;玻璃的形成温度为 1 200～1 250 ℃;玻璃的澄清温度为 1 400～1 500 ℃,这时玻璃液黏度 $\eta = 10$ Pa·s。玻璃的均化可在低于澄清温度时完成。玻璃的冷却阶段是指经澄清均化后将玻璃液的温度降低 200～300 ℃,以使玻璃具有成型所必需的黏度。为了使玻璃粉料快速、全部而又不发生"溢料"现象地加入坩埚中,每次加料的时机以玻璃成为半熔状态时的温度为准。澄清阶段的温度最高、时间最长,可根据玻璃组成计算或参考组成相近的玻璃来确定澄清温度。

坩埚先放入箱式电阻炉中预热,加热至 900 ℃保温一定的时间后移入高温电炉。将高温炉升到 1 300 ℃左右,向坩埚内加入一半的配合料,炉温将有所下降,回升至加料温度保温 15 min 左右,再根据熔化情况分次加料,直至加完。电炉在

1 300 ℃保温 15 min,以 5～10 ℃/min 的升温速率升至澄清温度,保温 2 h。在高温炉保温期间,可用不锈钢棒或包有白金的棒搅拌玻璃 1～2 次,同时取样观察,若已无密集小气泡或仅有少量大气泡,则玻璃熔制结束,否则需适当延长澄清时间或提高澄清温度。

3. 玻璃的成型

为了满足玻璃测试的需要,减小对玻璃试样的加工量,在玻璃成型时就应尽量按测试的要求制作试样的毛坯。例如,测定玻璃热膨胀系数需用棒状试样、测定透光率用片状试样等。将成型模具放在电炉上预热,取出坩埚先浇铸一根 10 mm×10 mm×100 mm 的玻璃棒,长度应不大于 100 mm;其次成型一块 30 mm×30 mm×15 mm 的玻璃块,余下的玻璃液倒在模具板上自由成型或倒入冷水中水淬成颗粒状备用。

4. 玻璃的退火

为了避免冷却过快而使玻璃炸裂,玻璃毛坯定型后应立即转入退火用的箱式电阻炉中,在退火温度下保温 30 min 左右,然后按照冷却制度降温到一定温度后切断电源停止加热,让其随炉温自然缓慢冷却至 100 ℃ 以下再出炉,置于空气中冷却至室温。若玻璃试样退火后经应力检验不合格,须重新退火,以防加工时爆裂。重新退火时首先将样品埋于装满石英砂的大坩埚中,再把坩埚置于马弗炉内,升温至退火温度保温 1 h,然后停止加热让电炉缓慢降温(必要时在上、下限退火温度范围内每降温 10 ℃保温一段时间),直至 100 ℃ 以下取出。

5. 玻璃的加工及试样制备

成型后的样品毛坯除了极少数能符合测试要求外,大多数还需要再进一步加工。玻璃试样的加工分为冷加工和热加工,应根据制得的玻璃用途,确定测定项目及试样尺寸,然后对其进行加工。

玻璃试样的冷加工通常是切割、研磨和抛光等。当玻璃试样比要求的大许多时,要用切割机将其切开。锯片为镶嵌金刚石的圆锯片或碳化硅锯片,其以高速旋转进行切割,切割时应用水冷却,以避免玻璃试样因高速切割造成局部温度升高而炸裂。浇铸成型或切割后的玻璃表面一般不平整,尺寸与测试要求也有误差,因此还需要进行研磨。磨料采用金刚砂,金刚砂的粒度分别为 0.5 mm、0.3 mm 和 0.1 mm。为了提高研磨效率和质量,可先用粗粒度磨料,待试样磨平或尺寸基本合格时换中等粒度的磨料,最后进行细磨。根据要求,有些试样的表面需要进行抛光。抛光采用毛毡材质的抛光盘,用红粉(Fe_2O_3)或氧化铈粉作为抛光介质。

玻璃试样有时需要通过热加工来完成制作,例如淬冷法测玻璃热稳定性的试样需烧成圆头,自重伸长法测软化温度的玻璃试样要拉制成丝并烧成圆头等。热加工的方法是用集中的高温火焰(冲天喷灯)将玻璃样品局部加热,使玻璃表面在软化时因表面张力的作用而变圆滑。若要拉成玻璃丝,可加热使玻璃条或棒软化,用手拉制成一定直径的玻璃丝。

6. 玻璃性能测定

玻璃试样的主要性能是否达标,需通过对其测定来判断。普通硅酸盐玻璃一般要测定密度、线膨胀系数、软化温度、热稳定性、析晶性能、透光率和透过光谱、应力及化学稳定性等。测定时,根据设计制得的玻璃品种和用途可选 3～5 项性能进行测定,但要求对其他性能的测定方法有一定了解。性能测定完后,根据测定过程,整理出测试报告,包括测试步骤、方法原理及所用仪器设备等。

五、实验结果和讨论

列出实验过程中的工艺参数与理化性质的测试结果表格。把有规律的结果绘制成特定的图表。结合所学的知识对所设计和熔制的玻璃的性能及制备过程进行评述。编写综合实验报告。某些在实验过程中无法获得的性能和数据,可参考有关文献和资料来确定。

六、思考题

(1) 在熔窑和坩埚内熔化同成分、同原料的玻璃时,其质量有无差异? 为什么?

(2) 熔化玻璃时为什么会出现"溢料"现象? 如何防止?

(3) 在玻璃冷加工过程中如何检验玻璃的抛光度?

(4) 玻璃中有几种应力,应力是怎样产生的?

(5) 彩色玻璃的制备应注意哪些问题?

(6) 如何判断确定玻璃的熔化程度?

(7) 分析实验制得的玻璃材料中存在缺陷的原因。

参 考 文 献

[1]　赵彦钊,殷海荣.玻璃工艺学[M].北京:化学工业出版社,2006.

[2]　刘新年,赵彦钊.玻璃工艺综合实验[M].北京:化学工业出版社,2005.

[3]　黄世萍.玻璃与玻璃制品生产加工技术及质量检验标准规范实务全书[M].西安:三秦出版社,2003.

[4]　王宙.玻璃生产管理与质量控制[M].北京:化学工业出版社,2021.

[5]　冯聪,曲坤南,王海.玻璃熔制的综合实验[J].实验科学与技术,2021,19(3):46-50.

实验三十七　玻璃内应力的测定

一、实验目的

(1) 了解玻璃内应力产生的原因。

(2) 掌握测定玻璃内应力的原理和方法。

二、实验原理

在玻璃成型过程中,由于外部机械力的作用或冷却时温度不均匀所产生的应力称为热应力或宏观应力。由于生产工艺的限制,在制作完成后的玻璃制品中还或多或少地存在内应力。

在玻璃内部由于成分不均匀而形成的微不均匀区所造成的应力称为结构应力或微观应力。在玻璃内相当于晶胞大小的体积范围内所存在的应力称为超微观应力。

由于玻璃的结构特性,其中的微观与超微观应力极小,对玻璃的机械强度影响不大。影响最大的是玻璃中的热应力,因为这种应力通常是极不均匀的,严重时会降低玻璃制品的机械强度和热稳定性,影响制品的使用安全,甚至会发生自裂现象。因此,为了保证使用时的安全,对各种玻璃制品都规定了其残余的内应力不能超过某一限定值。对于光学玻璃,较大的应力将严重影响光透过和成像的质量。因此,测量玻璃的内应力是控制质量的一种手段,这一点对质量要求较高的贵重或精密产品来说尤其重要。

1. 玻璃中的内应力与光程差

玻璃与许多透明材料相似,它们通常是一种均质体,具有各向同性的性质,当单色光通过时,光速与其传播方向和光波的偏振面无关,不会发生双折射现象。但是,当存在外部的机械作用或者玻璃成型后从软化点以上开始的不均匀冷却,或者玻璃与玻璃封接处由于膨胀失配而使玻璃具有残余应力时,各向同性的玻璃在光学上就成为各向异性体,单色光通过玻璃时就会分离为两束光。o 光在玻璃内的传播速度及方向、光波的偏振面都不变,仍沿原来的入射方向前进,到达第二个表面所需的时间较少,所经过的路程较短;e 光在玻璃内的传播速度及方向、光波的偏振面都发生变化,因此偏离原来的入射方向,到达第二个表面所需的时间较多,所经过的路程较长(图 37.1)。o 光和 e 光的这种路程之差称为光程差。测出这种光程差的大小,就可计算出玻璃的内应力。

图 37.1　光线通过有应力玻璃时的双折射现象

布儒斯特(Brewster)等研究得出,玻璃的双折射程度与玻璃内应力强度成正比,即

$$R = B\sigma$$

式中,R 为光程差,单位为 nm;

B 为布儒斯特常数(应力光学常数),单位为布,1 布 = 10 Pa;

σ 为单向应力,单位为 Pa。

2. 光程差的测量原理

测量光程差的方法有偏光仪观测法、干涉色法和补偿器测定法等几种。第一种方法可以粗略地估计光程差的大小,不便于定量测定。第二种能进行定量测定,但精度不高。只有第三种能进行精密测量,本实验采用这种方法。

补偿器测定法的基本原理如图 37.2 所示。由光源 1 发出的光经起偏镜 2 后,变成平面偏振光(假设其振动方向为垂直方向),当旋转检偏镜 5 与之正交时,偏振光不能通过,用眼睛 6 观察时视场呈黑色。若在光路中放入有应力的玻璃试样 3,则该偏振光通过玻璃后被分解为具有光程差的水平偏振光和垂直偏振光。在两束偏振光通过 1/4 波片 4 后,被合成为平面偏振光,但此时的平面偏振光的偏振面对起偏镜产生的平面偏振光的振动方向有一个旋转角。因此,在视场中就可看到两条黑色条纹隔开的明亮区。旋转检偏镜,使玻璃中心重新变黑,由检偏镜的角度差,就可计算玻璃的光程差。

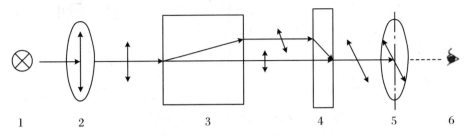

图 37.2　补偿器测定原理

1. 光源;2. 起偏镜;3. 有应力的玻璃试样;4. 1/4 波片;5. 检偏镜;6. 眼睛

由理论推导可知,玻璃试样的光程差与偏转角成正比,即

$$R = \frac{\lambda\theta}{\pi}$$

式中,R 为玻璃的光程差,单位为 nm/cm;

λ 为照射光源的波长,单位为 nm;

θ 为偏转角,单位为$^\circ$;

π 为弧度,$\pi = 180^\circ$。

当以日光灯为光源时,$\lambda = 540$ nm,则

$$R = 3\theta$$

在精密测定时,以钠光灯为光源,$\lambda = 589.3$ nm,则

$$R = 3.27\theta$$

通常,用单位长度的光程差来表示玻璃的内应力:

$$\delta = \frac{R}{d}$$

式中,δ 为单位长度的光程差,单位为 nm/cm;

d 为光在玻璃中的行程长度,单位为 cm。

将以上结果代入布儒斯特公式,就可得玻璃内应力计算公式,即

$$\sigma = \frac{\delta}{Bd}$$

对于普通工业玻璃,$B = 2.55 \times 10$ Pa。这样,就可由上式计算出玻璃的内应力值。

三、实验仪器与试样

1. 仪器

双折射仪 1 台。测定玻璃内应力使用最广泛的方法是采用偏光仪即双折射仪来测定光程差。仪器由镇流器箱、光源及起偏片、载物台、检偏振片和目镜等组成,如图 37.3 所示。

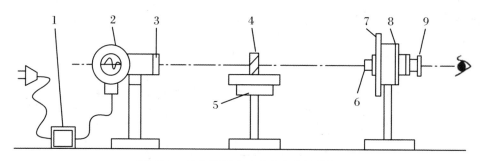

图 37.3　偏光仪测定玻璃内应力的装置图

1. 镇流器;2. 光源;3. 起偏振片;4. 试样;5. 载物台;6. 1/4 波长片;

7. 1/4 波长度盘;8. 检偏振片度盘;9. 检偏振片

2. 试样

玻璃试样若干:(10~20)mm × (100~120)mm 长方条玻璃片。

四、实验步骤

测定前将仪器检查一遍，接通电源，调节检偏振片与起偏振片成正交消光位置，使视野为黑暗，此时检偏镜指针应当在刻度盘的"o"位，若有偏离应记下偏离角度 p，1/4 波长片也放在"o"位。

将有内应力的玻璃试样放入载物台（若端面粗糙须抛光或浸在汽油或煤油里），其定位应使偏振光束垂直通过试体的端面（片状试体）。观察检偏器的视场，可以看到片状试体端面有两条平行的黑线，如图 37.4(a)所示，说明此位置不存在应力，而在黑线两侧有灰色背景，这就是双折射引起的干涉色，两条线的外侧是压应力，内侧是张应力。慢慢向反方向旋转检偏镜，在两条暗线之间就会形成一小小间隙，然后接触，使两条黑线集合成一条棕褐色的线（图 37.4(b)），即由应力产生的双折射已被检偏镜补偿，记下旋转的角度 φ。

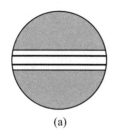 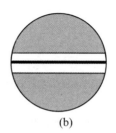

(a)　　　　　　　　　　　　(b)

图 37.4　有残余应力的玻璃片

五、数据记录与数据处理

1. 数据记录

测定应力的原始数据可按表 37.1 的格式进行记录。

表 37.1　数据记录表

试样编号	试样尺寸(cm)		检偏镜刻度盘读数(°)		单位光程差(nm/cm) $\delta = \dfrac{3(\varphi - \varphi_0)}{d}$	应力值(Pa) $\sigma = \dfrac{\delta}{B} \times 10^{-7}$
	厚度(h)	宽度(d)	无试样	有试样		
1						
2						
3						
4						
测试结果						

2. 数据处理

单位长度的光程差可按下式计算：

$$\delta = \frac{3(\varphi - \varphi_0)}{d}$$

式中，$\varphi - \varphi_0$ 为引入玻璃试样前后检偏镜的旋转角度之差，单位为 nm；

d 为光通过试样体内的行程长度（即试样的宽度，一般测 3 点，取平均值），单位为 cm。

根据光程差，按式 $\sigma = \delta/Bd$ 计算试样中心的最大残余应力。

六、思考题

(1) 什么叫应力？玻璃中的应力有哪几种？什么叫内应力？

(2) 如何消除玻璃中的内应力？

参 考 文 献

[1] 刘新年,赵彦钊.玻璃工艺综合实验[M].北京:化学工业出版社,2005.

[2] 黄世萍.玻璃与玻璃制品生产加工技术及质量检验标准规范实务全书[M].西安:三秦出版社,2003.

[3] 伍洪标,谢峻林,冯小平.无机非金属材料实验[M].北京:化学工业出版社,2019.

[4] 中华人民共和国国家质量监督检验检疫总局,中国国家标准化管理委员会.药用玻璃容器内应力检验方法:GB/T 12415—2015[S].北京:中国标准出版社,2016,2.

[5] 中华人民共和国国家建筑材料工业局.石英玻璃制品内应力检验方法:JC/T 655—1996[S]. 1996,12.

[6] 全国玻璃仪器标准化技术委员会.玻璃仪器内应力检验方法:GB/T 15726—1995 [S]. 北京:中国标准出版社,1995,10.

[7] 吴易明,高立民,李明,等.一种玻璃材料内应力精密测定的方法[J].光子学报,2010,39(3):490-493.

实验三十八　玻璃热稳定性的测定

一、实验目的

(1) 了解测定玻璃热稳定性的实际意义。

(2) 掌握骤冷法测定玻璃热稳定性的原理和方法。

二、实验原理

玻璃经受剧烈的温度变化而不被破坏的性能称为玻璃的热稳定性(或称耐急冷、急热性),热稳定性的好坏是以玻璃在不被破坏的前提下所能经受的最大温度差来表示的。玻璃的热稳定性是玻璃的重要性质之一,因此在研究和生产中通常要测定这一性能,这在玻璃热加工时尤为重要。玻璃热稳定性的好坏与玻璃的组成有直接关系,凡能降低玻璃热膨胀系数的组分,例如 SiO_2、Al_2O_3、ZrO_2、ZnO、MgO 等,都能提高玻璃的热稳定性,也就是说膨胀系数越小,其热稳定性就越好。热稳定性的好坏还与玻璃中存在不均匀的内应力、夹杂物以及表面上出现的擦痕或裂纹及各种缺陷有关,这些因素都会使玻璃的热稳定性下降,凡是能降低玻璃机械强度的因素,都会使玻璃的热稳定性能降低。

玻璃的热稳定性是玻璃一系列物理性质的综合表现,因此,玻璃的热稳定性可用下式来表示:

$$K = \frac{P}{\alpha E} \sqrt{\frac{\lambda}{Cd}}$$

式中,K 为玻璃的热稳定性系数,单位为℃ • cm/s$^{1/2}$;

P 为玻璃的抗张强度,单位为×9.8 MPa;

a 为玻璃的热膨胀系数,单位为℃$^{-1}$;

E 为玻璃的弹性系数,单位为×9.8 MPa;

λ 为玻璃的热导率,单位为 Cal/(cm • s • ℃);

d 为玻璃的密度,单位为 g/cm^3;

C 为玻璃的比热容,单位为 Cal/(g • ℃)。

由上式可知,对玻璃材料来说,P 和 E 通常以同样的倍数发生改变,所以 P/E 的值改变不大,除 α 外,其他各项改变也很小,只有 α 值随组成的改变会有较大变化。这说明玻璃热稳定性能的好坏,主要取决于玻璃的化学组成。

　　玻璃的热稳定性能还与玻璃本身的几何形状有关。例如,制品的壁越厚,其热稳定性能越差,对于棒状玻璃来说,直径越大其热稳定性越差。在一般情况下,玻璃的热稳定性与其厚度或直径成反比关系。

　　测定玻璃热稳定性能的基本方法是骤冷法,其方法可分为玻棒法和成品法。玻棒法是取一定数量的棒状玻璃试样,经在特制的电炉中加热,然后使之急速冷却来检验其破坏情况,这种方法的测试结果可以相互比较,在科学研究、新产品开发上很有利。而成品法是直接以玻璃制品作为试样,其优点是能够反映产品的实际性能,但对不同组成、不同品种甚至同组成不同品种的玻璃来说,其测试结果却无法相互比较。因此在测定玻璃热稳定性时,要根据对象选择合适的测试方法。

　　在实验室,通常采用试样加热骤冷法测定玻璃热稳定性。将玻璃加热到一定温度后,如予以急冷,温度会很快降低,产生强烈收缩,但此时试样内部温度仍较高,处于相对膨胀状态,阻碍了表面层的收缩,使表面产生较大的张应力,如张应力超过其极限强度时,试样(制品)即破坏。

　　使用骤冷法实验须把玻璃制成一定大小的试样,加热使试样内外温度均匀,然后使之骤冷,观察它是否碎裂。但是同样的玻璃,由于各种原因,其质量也往往是不完全相同的,因而所能承受的不开裂温差也不相同。所以要测定一种玻璃的热稳定性,必须取若干块样品,将它们加热到一定温度后,进行骤冷,观察并记录其中碎裂的样品块数。把碎裂的样品拣出后,将剩余未碎裂的样品继续加热至较高的温度,待样品加热均匀后,重复进行骤冷,按同样步骤再次拣出碎裂的样品,记下碎裂的块数。重复以上实验,直至加入的样品全部碎裂。

　　玻璃的耐热温度可由下式计算:

$$\Delta T = \frac{n_1 \Delta t_1 + n_2 \Delta t_2 + \cdots + n_i \Delta t_i}{n_1 + n_2 + \cdots + n_i}$$

式中,ΔT 为玻璃的耐热温度,单位为℃;

　　$\Delta t_1, \Delta t_2, \cdots, \Delta t_i$ 为骤冷加热温度和冷水温度之差,单位为℃;

　　$n_1, n_2, \cdots, n_i$ 为在相应温度下碎裂的块数。

三、实验仪器及试样

1. 仪器

　　立式管状电炉(1 kw)、电流表(5~10 A)、调压器(2 kV·A)、温度计(250 ℃、50 ℃各一支)、放大镜(10 倍)、烧杯(500 mL)、酒精灯。

2. 试样

　　直径 3~5 mm 无缺陷的玻璃棒。

四、实验步骤

　　将直径为 3~5 mm 无缺陷的玻璃棒截成长度为 20~25 mm 的小段,每小段的两端在喷灯上烧圆。放在电炉中退火,经应力仪检查无应力,备用。将滑架悬挂在支架上,调整水银温度计位置,使水银球正处在盛放样品的小篓中。

放下滑架,将准备好的 10 根试样装入样品篓,再将滑架挂在支架顶上。接通电源进行第一次测定。以 3～5 ℃/min 的升温速度,将炉温升高到低于预估耐热温度 40～50 ℃,保温 10 min。测量并记录冷水温度,开启炉底活门,使装有试样的样品篓落入冷水中。30 s 后取出试样,擦干,用放大镜检查,记录破裂试样数。

将未破裂试样重新放入样品篓中,进行第二次测定,炉温比前一次升高 10 ℃。继续实验直至试样全部破裂。计算试样的耐热温度平均值。

五、实验结果与讨论

将实验结果记录在表 38.1 中。

表 38.1　玻璃热稳定性测定记录表

试样名称	试样直径 (mm)	试样长度 (mm)	室温 (℃)	冷水温度 (℃)	炉温 (℃)	破裂块数	破裂温度差 (℃)

六、思考题

(1) 影响测定玻璃热稳定性的因素及防范措施有哪些?

(2) 玻璃的热稳定性与哪些因素有关?

参 考 文 献

[1]　刘新年,赵彦钊.玻璃工艺综合实验[M].北京:化学工业出版社,2005.

[2]　伍洪标,谢峻林,冯小平.无机非金属材料实验[M].北京:化学工业出版社,2019.

[3]　闫绍峰,吴中立,吴红梅,等.Eu^{3+} 掺杂硼酸盐玻璃的发光性质及其热稳定性研究[J].无机材料学报,2017,32(7):765-769.

[4]　王觅堂,方龙,李梅,等.稀土掺杂对 ZnO-B2O3-SiO2 玻璃热稳定性及结构的影响[J].无机材料学报,2017,32(6):643-648.

实验三十九　玻璃化学稳定性的测定

一、实验目的

(1) 了解测定玻璃化学稳定性的意义。

(2) 掌握测定玻璃化学稳定性的原理和方法。

二、实验原理

玻璃的化学稳定性,也称安定性、耐久性或抗蚀性。化学稳定性是指玻璃在各种自然气候条件下抵抗气体(包括大气)、水、细菌和在各种人为条件下抵抗各种酸液和其他化学试剂、药品溶液的侵蚀破坏能力。

测定玻璃的化学稳定性,包括测定玻璃的抗水性、抗酸性、抗碱性和脱片试验。常用的方法有玻璃粉末法、大块法(重量法),通常采用粉末法测定玻璃的抗水化学稳定性。粉末法的实质是将具有一定颗粒度的试样在某种侵蚀剂的作用下在某特定温度下保持一定时间,然后测定粉末损失的质量,或用一定的分析手段测定玻璃转移到溶液中的成分含量。

本实验根据酸碱中和原理,对玻璃进行抗水性能测定。当玻璃与侵蚀介质接触时,就会发生溶解和侵蚀,其程度取决于玻璃的组成及其结构,这种破坏过程是极其复杂的。一般的工业玻璃的主要成分是硅氧。当溶解发生时,玻璃各组分以其在玻璃中存在的比例同比进入溶液中(如氢氧化物溶液、碳酸盐溶液、磷酸盐溶液、磷酸和氢氟酸等)。此时,不仅玻璃中的硅酸盐部分溶解,游离的硅氧部分(硅氧四面体)也发生溶解,使玻璃整体结构受到破坏。当水为侵蚀介质时,首先是碱性金属氧化物和碱土金属氧化物形成水溶性硅酸钾、硅酸钠和硅酸钡、硅酸钙等溶于水,接下来是镉、锑等氧化物所形成的硅酸盐被部分水解,而不溶的水解产物积聚于玻璃表面形成保护膜,从而阻碍了进一步的水解反应,表面侵蚀也随时间增长而减慢。

三、实验仪器与试剂

1. 仪器

水浴锅、冷凝管、滴定管、锥形瓶(250 mL)、烘箱、研钵(用淬火钢制成)等。

2. 试剂

磁铁、中性蒸馏水、标准盐酸(0.01 mol/L)、NaOH 溶液(0.5 mol/L)、Na_2CO_3

溶液(0.25 mol/L)、甲基红指示剂(0.1%)。

四、实验步骤

1. 试样的制备与要求

标准筛:直径 200 mm 的不锈钢网目的方孔筛,包括 500 μm 筛孔的 A 筛、300 μm 的 B 筛和 600~1 000 μm 筛孔的 O 筛。取约 50 g 直径为 10~30 mm 的玻璃块放入研钵中,用锤子猛击一次,将玻璃从研钵移入配套标准筛的上层 O 筛上,轻微摇动套筛,筛出较细的颗粒。把留在 A 筛和 O 筛上的玻璃倒回研钵重新敲碎和过筛,直到留在 O 筛上的玻璃只剩约 10 g 为止。倒掉 O 筛上和筛底上的玻璃,用手摇动套筛 5 min,将通过 A 筛但留在 B 筛上的玻璃颗粒倒入烧杯中用于实验。

在每个放置了实验玻璃颗粒的烧杯中加入 30 mL 丙酮,紧握烧杯,使烧杯底与工作台面成 30°~45°,用包有胶皮或塑料,直径约 10 mm 的玻璃棒搅动 20 次,转动玻璃颗粒并尽可能倾出丙酮;再加入 30 mL 丙酮,转动玻璃颗粒,倾出丙酮;如此反复冲洗至丙酮清澈为止。然后将烧杯放在电热板上加热除去残留的丙酮,转入烘箱中 140 ℃加热 20 min,将烘干的玻璃颗粒从烘箱转移至称量瓶中,盖上瓶盖,保存在干燥器中冷却备用。

2. 操作方法

用分析天平精确称量样品 2 g,共准备 4 份,另储备 1 份不加样品的蒸馏水,作为空白实验对照用。将各组样品分别加入预先用酸液处理过的 50 mL 容量瓶中,加入蒸馏水到标线,轻轻摇动容量瓶,使玻璃颗粒均匀分布在瓶底上,然后把所有容量瓶不加瓶塞沸水浴(98~100 ℃)加热,瓶颈的一半要浸没在水里,可用一支架将容量瓶托住,以增大加热速率使容量瓶在 3 min 内达规定的温度。从浸没时间算起连续加热 60 min,并使瓶内温度保持在 98 ℃。从水浴锅中取出容量瓶,打开瓶塞,将容量瓶放入冷水槽中,以自来水冷却至室温。用纯水补充至容量瓶标线,再塞上瓶塞并彻底摇匀,然后静置让玻璃颗粒下沉,得到上层清液。上清液应在 1 h 内完成滴定。用吸量管分别从每个容量瓶内吸取 25 mL 上清液注入锥形瓶,分别在每个锥形瓶中加入 2 滴甲基红指示液,接着用 0.01 mol/L 盐酸标准溶液滴定至微红色,并用同样方法进行空白试验。

由消耗的盐酸溶液计算沥滤出来的 Na_2O 的量,以每克样品中析出 Na_2O 的质量(mg)表示。其余的样品按以下规定处理:第 2 个样品加热 1 h,第 3 个样品加热 1.5 h,第 4 个样品加热 3 h,其他步骤均与第 1 个样品的处理相同。同时,用同样方法以蒸馏水做空白试验,在水浴中加热 1 h,测定并排除由蒸馏水和玻璃烧瓶作用而引入的碱含量。

五、数据记录与数据处理

1. 数据记录

实验数据记录在表 39.1 中。

表 39.1　玻璃化学稳定性实验记录表

试样编号	加热时间(h)	滴定耗用盐酸(mL)	Na₂O 的沥滤量(mL)
1	0.5		
2	1.0		
3	1.5		
4	2.0		

2. 数据处理

Na₂O 的沥虑量的计算公式如下：

$$x_{Na_2O} = \frac{1}{2} \times 0.01 \times (V - V_1) \times 30.99$$

式中，x_{Na_2O} 为每克玻璃的 Na₂O 沥滤量，单位为 mg；

V 为滴定试液所需 0.01 mol/L 标准盐酸的用量，单位为 mL；

V_1 为滴定空白试液所需 0.01 mol/L 标准盐酸的用量，单位为 mL；

30.99 为 1×10^{-3} mol 当量 Na₂O 的质量，单位为 mg。

以上加热 1 h 所得的结果对照玻璃水解等级表(表 39.2)来确定被测玻璃的水解等级，并将测得的数据作成曲线，横坐标表示时间，纵坐标表示侵蚀量(mg)，即得出水对玻璃的侵蚀曲线。

表 39.2　玻璃水解等级表

水解等级	消耗 0.01 mol/L 标准盐酸的体积(mL)	每克玻璃析出的 Na₂O(mg)
HGB₁	0～0.10	0～0.031
HGB₂	0.10～0.20	0.031～0.062
HGB₃	0.20～0.85	0.062～0.264
HGB₄	0.85～2.00	0.264～0.620
HGB₅	2.00～3.50	0.620～1.080

六、思考题

(1) 测定玻璃的化学稳定性有何意义？

(2) 玻璃的化学稳定性与哪些因素有关？

参考文献

[1]　周艳艳,王新伟,裴春燕.影响光学玻璃化学稳定性测定结果的因素分析[J].长春理工大学学报(自然科学版),2007,4(1):95-97.

[2]　竹含真.硼硅酸盐玻璃陶瓷固化体结构与化学稳定性的研究[D].绵阳:西南科技大

学,2020.

[3] 韦存茜,石鎏杰,张丽媛,等.玻璃颗粒耐水性影响因素探究[J].上海包装,2019,4(2):
23-25.

[4] 顾期斌,黄诣敏.B_2O_3对磷锌硼餐具玻璃结构和化学稳定性的影响[J].湖北第二师范学院
学报,2018,35(8):1-3.

[5] 余涛,史芳芳,王军霞,等.锌磷酸盐玻璃水解实验研究[J].玻璃,2018,45(3):6-10.

[6] 李雄伟,王觅堂,李梅,等.Y_2O_3对锌硼硅玻璃化学稳定性和结构的影响[J].稀土,2016,37
(6):39-45.

实验四十 玻璃软化点的测定

一、实验目的

(1) 掌握测定玻璃软化点的方法。

(2) 了解测定玻璃软化点对确定退火工艺和玻璃加工工艺的意义。

二、实验原理

玻璃没有固定的熔点,即没有固定的转变为液体的温度。当玻璃受热时,这个转变是慢慢地进行的。玻璃由固态转变为液态是在一个极广的温度范围内进行的,这个温度范围通常称为玻璃的软化温度范围。

在玻璃的软化温度范围内,曾有软化始点和软化终点之分。所谓软化始点,是指被测试样在 20 g 荷重下测量的温度。所谓软化终点就是在测试时,被测试样在本身自重下测定的温度。因此,在表示玻璃软化点温度时,应当指出是在何黏度值下的玻璃软化点温度。

玻璃的软化点是玻璃的主要工艺性质之一,它与玻璃的组成有着密切关系。例如 B_2O_3、BaO、Na_2O、K_2O、Li_2O、Fe_2O_3、MnO 和 PbO 等氧化物能降低玻璃的软化点温度,而 Al_2O_3、CaO、MgO、SiO_2、ZrO_2、TiO_2 等氧化物能提高玻璃的软化点温度,因而在玻璃生产中,用测定玻璃的软化点的方法可在一定程度上控制玻璃的组成。另外,测定玻璃的软化点还可为确定玻璃的退火温度以及玻璃深加工等提供依据。

过去,测定玻璃软化点用的是符合前苏联国家标准的荷重伸长法,而目前大多数采用的是符合美国 ASTM 标准的自重伸长法;也有利用热膨胀仪,根据膨胀曲线来确定玻璃软化点温度的。荷重伸长法测得软化点温度所对应的黏度值 $\eta = 10^{9.5}$ Pa·s($10^{10.5}$ P),而自重伸长法测得软化点温度所对应的黏度 $\eta = 10^{6.6}$ Pa·s($10^{7.6}$ P),在膨胀曲线下所确定的软化点温度所对应的黏度 $\eta = 10^{11}$ Pa·s($10^{12.0}$ P)。

本次实验按照 ASTM 标准来测定,玻璃的软化点。将直径(0.65 ± 0.1)mm,长(235 ± 1)mm 的一定规格的玻璃丝试样置于电炉中均匀加热,玻璃丝受热后,因自重而伸长,当玻璃丝的伸长速度为 1 mm/min 时(有的标准规定为 1.2 mm/min),此时的温度即相当于玻璃的黏度为 4.5×10^6 Pa·s 时的软化温度。把玻璃拉成丝,长(235±1)mm,电炉加热,用投影摄像千分尺测量丝长度变化,其测量数值就是膨胀值。

三、实验仪器与试样

1. 仪器

RHY-I 数显式玻璃软化点测试仪。

2. 试样

玻璃棒。

四、实验步骤

1. 准备试样

试样要求:玻璃丝截面应呈圆形,直而不弯;表面光滑平整,无气泡、疵点或杂质,粗细均匀,平均直径为(0.65±0.1)mm,在整根玻璃丝的长度范围内,直径差值不应超过 0.02 mm。

将玻璃丝的一段在酒精灯上烧一个小球,取小球以下(235±1)mm 长的玻璃丝作为待测试样(不包括上端的玻璃小球),也可根据实际需要设定长度。丝的下端露出炉端 20~30 mm,直至看到投影为止。上端玻璃小球的球心应位于玻璃丝的轴线上,准备 3~5 个试样备用。

2. 测试步骤

把软化点测试电炉置于托架上,使电炉中心孔与托架中心孔保持同轴,热电偶补偿导线接到电炉的热电偶接线柱上,并注意正负极性(红色为正极)。控制器预热 15 min 以上,达到基本稳定。设定好控温程序以及 PID 控制参数,参考智能控温仪表控制参数设定方法,在理论软化点温度前几度设定报警开关并启动计时器计时。调节完毕后,把仪表设置为自动。

在低于软化点温度约 50 ℃时,使电炉以 5 ℃/min 的速率升温,炉温升到高于估计软化点 30 ℃左右时,关掉加热电流开关。加热电流据被测温度高低而定,并受外界影响稍有变化。待电炉自然冷却到估计软化点以下约 20 ℃时,把被测玻璃丝插入电炉,将有玻璃小球的端放在电炉试样支具上,通过仪器上的反光镜观察玻璃丝,应确保其与炉芯接触。打开灯开关,旋动亮度调节旋钮调到合适的亮度。在标尺上找到玻璃丝的黑影,旋动托架调节圈到适当高度后锁紧,这时玻璃丝的顶端投影应在标尺上投影清晰。打开电炉电源开关,让炉温继续以 5 ℃/min 的速率上升。

在电炉加热升温的过程中,每分钟观察一次玻璃丝顶端在标尺上的投影格值,每隔 15 s 交替记下温度值和投影格值,直到两次读数的格值差超过 2.5 mm 为止;或每隔 30 s 交替读数,直到二次读数的格值差超过 5 mm 为止。关掉电炉电源开关,切断控制器电源,操作结束。

五、数据记录与数据处理

1. 数据记录

（1）试样名称、试样来源、试样编号、采样或收样日期等。

（2）试样直径、试样长度、测试日期、操作者姓名等。

（3）控制升温电压、时间(s)、电压数(毫伏)、温度、玻璃丝伸长数等。

2. 数据处理

采用半对数坐标纸，把两次坐标读数的差值除以50，标在对数坐标轴上；将两次坐标读数间隔中的温度读数标在线性坐标轴上，绘出该点，并依次作出其他各点，根据作图规则，用直线近似连接各点，再作平行于温度坐标轴且通过 1.0 mm/min 对数坐标点的直线（每 30 s 交替读次数，即温度和标尺读数间隔都为 1 min），两直线交点所对应的温度即为该试样的软化点温度。或作每半分钟伸长 0.5 mm 对数坐标点的直线（每 15 s 交替读数，即温度和标尺读数间隔都为 30 s）。

六、思考题

（1）在玻璃组成中有哪些成分对软化点起主要作用？为什么？

（2）影响测试结果的因素有哪些？如何克服？

（3）测定玻璃软化点温度对生产有何指导意义？

参 考 文 献

[1] 中华人民共和国国家质量监督检验检疫总局，中国国家标准化管理委员会.玻璃软化点测试方法:GB/T 28195—2011[S]. 2011,12.

[2] 中华人民共和国电子工业部.电子玻璃软化点的测试方法:SJ/T 11038—1996[S]. 1988,3.

[3] 中华人民共和国国家标准局.石英玻璃软化点测试方法(拉丝法):JC/T 751—1984(1996) [S].1984,7.

[4] 李建峰,田英良,王欣鹏,等.玻璃丝形状尺寸对玻璃软化点温度测量影响研究[J].玻璃与搪瓷,2017,45(6):1-6.

[5] 伍洪标.玻璃软化点温度的简易计算方法[J].玻璃与搪瓷,2004,4(4):41-43.

实验四十一　玻璃瓶、罐耐冲击强度的测定

一、实验目的

(1) 掌握冲击试验机的操作方法。

(2) 掌握玻璃瓶、罐受冲击破损的主要原因。

二、实验原理

在玻璃瓶、罐生产、包装、运输和装填过程中，由于玻璃表面的微观缺陷，使其实际抗张强度远小于理论值，大约只有 68.6 MPa。如果玻璃瓶、罐的形状复杂，生产中产生的缺陷会更多，所以其实际强度要比上述值还要小得多。

玻璃瓶、罐在使用中由于使用条件不同，也会受到不同的应力作用。一般可分为内压强度、耐热冲击强度、机械冲击强度、翻倒强度和垂直荷重强度等。一般对瓶、罐进行这几种强度的检验都是有必要的，但从导致瓶、罐破裂的角度看，其直接原因几乎都是机械冲击的作用。瓶、罐在运输、封装过程中会经受多次划伤和冲击，主要是瓶子之间及瓶子与设备间的摩擦和碰撞产生的。由于机械冲击造成的破损，与受冲击的位置、冲击性质及瓶子的划伤情况等有关，因而难以制定统一的冲击强度标准，通常都是各厂针对各种不同种类的瓶、罐，自行确定一个范围值以控制瓶、罐的质量。

一般使用在瓶、罐外壁面进行打击的方法来进行冲击强度测定。在打击点处会产生集中应力(图 41.1(a))，使瓶、罐表面局部凹陷，而且出现圆锥状的伤痕或破损，尽管集中应力较大，但由于发生在局部，所以在瓶、罐壁足够厚时，造成的破损较小。

在瓶、罐内壁会产生弯曲应力(图 41.1(b))，弯曲应力仅次于集中应力，在受到冲击时整个瓶壁向内弯曲，瓶、罐内壁产生强应力，由于一般瓶、罐内表面不易造成划伤，因而由弯曲应力造成的破损也比较小。

在离打击点约 40 μm 处会产生扭转应力(图 41.1(c))，尽管这种应力值较小，但其在瓶、罐受冲击时作用在支点上，这使瓶、罐的外表面产生强应力。由于瓶、罐外表面容易产生较明显的划伤，因而实际上瓶、罐的破损几乎都是由扭转应力造成的。

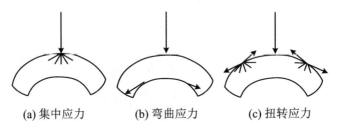

$$(a) 集中应力 \qquad (b) 弯曲应力 \qquad (c) 扭转应力$$

图 41.1　瓶罐冲击破坏的形态

　　本实验利用摆锤自由下放摆动冲击瓶子进行,而冲击能量由摆锤动角度来计算。定性地说,摆动角度越大,摆锤具有的初始势能就越大,瓶、罐受冲击时,摆锤加到瓶、罐上的冲击能也越大。实验装置如图 41.2 所示。

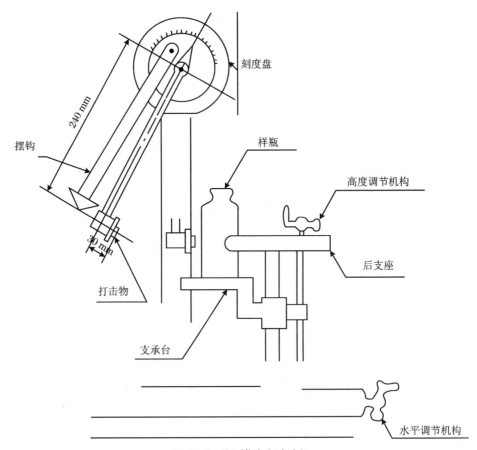

图 41.2　瓶、罐冲击试验机

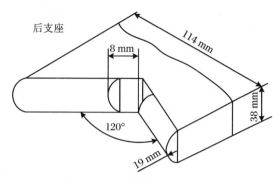

图 41.2　瓶、罐冲击试验机(续)

三、实验仪器与样品

1. 仪器

瓶、罐冲击试验机。

2. 样品

不同类型玻璃瓶、罐若干。

四、实验步骤

1. 试样选取

由于冲击值是统计结果,因而被检测的样品应随机取样,此时根据数据的可靠性要求,取样个数一般应大于30,这样测试结果才具有一定的代表性和可靠性。在取样量较大时可看出其耐冲击强度值接近于正态分布,一般工厂测试30个样品即可得到较为准确的结果。

2. 操作方法

(1) 使摆锤处于自由垂直状态,将受检瓶、罐置于底支架上并顶住后支架。调节好后支架、底支架位置以及试验架位置,使瓶、罐的受检部位刚好能接触到垂直状态的摆锤头部。

(2) 调节手柄,使定位尺转到与所给定的冲击能量对应的位置,用锁紧螺钉固定在这一位置,以防螺轮螺杆的间隙造成的误差。然后将摆锤抬起置于定位尺的机栝上,这时摆锤处于准备冲击的状态,应记下这时的冲击能量值。

(3) 扳动定位尺的机栝,释放摆锤,使受测瓶、罐受事先给定的冲击能量,并进行检测。

五、实验结果与讨论

1. 通过性实验

根据规定的应当承受的冲击能量做通过性测试。按上述操作步骤进行调整,使受测瓶、罐的冲击位置在最大应力处或者受测瓶、罐外表面最易划伤的地方。一般瓶、罐的冲击点为样品圆圈上相隔约 120°的 3 个点,而且应避开瓶、罐的合缝处,最后根据破损的情况测算瓶、罐的合格率。

2. 递增性试验

冲击能量由低能量至高能量逐级进行冲击测试,直至试样破坏。在打击中除了应注意通过性试验中的几点外,还应按规定的段级逐段递增,并注意记录破坏时的能量级。

3. 记录数据

将数据记录到表 41.1 中。

表 41.1　冲击测试记录表

产品名称	测试部位	表现应力范围				耐冲击角度破碎记录
		1	2	3	4	

将冲击角按一定范围取出较小的间隔,然后按这个间隔逐级提高冲击能量,并测出样品整体中破碎的个数。将上述所测结果,按能量的逐级提高间隔画出直方图。

六、思考题

(1) 为什么要将瓶、罐的检测位置刚好靠在摆锤的自由铅垂位置?

(2) 为什么应力值较小的扭转应力反而更易导致玻璃制品的破裂?

参 考 文 献

[1]　刘新年,赵彦钊.玻璃工艺综合实验[M].北京:化学工业出版社,2005.

[2]　黄世萍.玻璃与玻璃制品生产加工技术及质量检验标准规范实务全书[M].西安:三秦出版社,2003.

[3]　伍洪标,谢峻林,冯小平.无机非金属材料实验[M].北京:化学工业出版社,2019.

实验四十二　喷雾干燥法制备
生物玻璃微球

一、实验目的

(1) 掌握喷雾干燥机的工作原理及使用方法。
(2) 掌握生物玻璃微球的制备方法。
(3) 掌握生物玻璃微球的表征方法。

二、实验原理

生物玻璃（Bioglass，BG）是能实现特定的生物、生理功能的玻璃，为 CaO-SiO_2-P_2O_5 体系，其主要成分为约 45% 的 Na_2O、25% 的 CaO、25% 的 SiO_2 和 5% 的 P_2O_5，若添加少量其他成分，如 K_2O、MgO、CaF_2、B_2O_3 等，则可得到一系列有实用价值的生物玻璃。生物玻璃的机械强度低，只能应用于承力不大的部位，如耳小骨、指骨等的修复。将生物玻璃涂敷于钛合金或不锈钢表面，在临床上可制作人工牙或关节。生物玻璃植入人体骨缺损部位，能与骨组织直接结合，起到修复骨组织、恢复其功能的作用，具有良好的生物活性和骨传导能力，在骨组织修复领域得到广泛研究与应用。

生物玻璃粉体的制备方法主要有熔融法、溶胶凝胶法、喷雾干燥法等。

传统熔融法制备生物玻璃粉体是在 1 400 ℃ 左右高温下进行的，有能耗大、粉体形貌不可控、生物活性相对较低等不足。熔融的粉体均化后浇注到不锈钢模具中成型，退火后即得到相应制品。由于生物材料的特殊要求，制备生物玻璃须采用高纯试剂为原料，以铂坩埚为容器，尽可能减少杂质混入。

溶胶凝胶法制备生物玻璃粉体则存在需大量溶剂、制备周期长、不易量产等缺点。

喷雾干燥法是一个快速加热和冷却的连续过程。在制备微球方面，喷雾干燥法具有耗时短、可批量生产，在干燥过程中还能方便地调节微球大小和形状等优点。采用溶胶凝胶法结合喷雾干燥可快速制备出平均孔径为 6 nm，比表面积为 260 cm^2/g 的球形 BG 颗粒。采用三嵌段表面活性剂（P123）、正硅酸四乙酯、磷酸三乙酯、四水硝酸钙和乙醇溶剂混合后雾化干燥，可以制备出球形介孔 BG 微球，颗粒粒径为 1 nm～1 mm。

本实验以水溶液为溶剂,以正硅酸四乙酯、磷酸三乙酯、四水硝酸钙为原料,采用喷雾干燥前驱体溶液方法制备生物玻璃微球。可以调节喷雾干燥过程中进气风量、前驱体溶液浓度、进料速率等工艺参数,以观察其对生物玻璃微球粒径的影响。粒径范围在 40 μm 以下可控,且粒径随前驱体溶液浓度增大而增大、随进气风量增大而减小,进料速率则对微球粒径影响较小。

三、实验仪器与试剂

1. 仪器

YC-1800 实验室低温喷雾干燥机、高温炉、X 射线衍射仪、红外光谱仪。

2. 试剂

硝酸($\geqslant$68%)、正硅酸四乙酯(TEOS,98%)、磷酸三乙酯(TEP,99.8%)、氯化钠(99.5%)、碳酸氢钠(99.8%)、氯化钾(99.8%)、磷酸氢二钾($K_2HPO_4 \cdot 3H_2O$,99%)、氯化镁($MgCl_2 \cdot 6H_2O$,98%)、盐酸(36%～38%)、氯化钙(96%)、硫酸钠(99%)、三羟基氨基甲烷(99%)和四水合硝酸钙(99%)。

四、实验步骤

1. 不同质量分数的前驱体溶液的配制

室温下,取 4 个烧杯,分别加入用硝酸调节成 pH 为 2 的水溶液 670 g、200 g、105 g 和 65 g,接着往每个烧杯中分别加入 26.8 g 的 TEOS 并磁力搅拌至溶液透明澄清,然后将 2.92 g 的磷酸三乙酯加入上述澄清溶液并搅拌 30 min,最后加入 5.6 g 的四水合硝酸钙(CaNT)并搅拌 20 min,得到澄清的前驱体溶液备用,配制的前驱体溶液的质量分数分别为 5、15、25、35。

2. 喷雾干燥法制备生物玻璃微球

采用 YC-1800 实验室低温喷雾干燥机,设置仪器的循环率为 100%,进口温度为 220 ℃。前驱体溶液质量浓度为 5%、15%、25% 和 35%;进气风量为 283 L/h、439 L/h、667 L/h 和 1052 L/h;进料速率为 1.5 mL/min、3 mL/min、4.5 mL/min、和 6 mL/min。将不同喷雾干燥工艺条件下收集得到的微球置于马弗炉中,从室温以 2 ℃/min 的速率升温至 700 ℃ 并保温 5 h,自然冷却得到生物玻璃微球。

五、实验结果与讨论

(1) 生物玻璃微球的 XRD 分析。

(2) 生物玻璃微球的微观形貌分析。

(3) 生物玻璃微球的红外光谱分析。

参 考 文 献

［1］ 胡亚萍,田正芳,朱敏,等.喷雾干燥可控制备生物玻璃微球及其体外生物活性研究［J］.无机材料学报,2020.

［2］ OSTOMEL T,SHI Q H, TSUNG C K, et al. Spherical bioactive glass with enhanced rates of hydroxyapatite deposition and hemostatic activity［J］. Small,2006,2(11):1261-1265.

［3］ ARCOS D, NORIEGA A L, HERNáNDEZ E R, et al. Vallet-Regí, Ordered mesoporous microspheres for bone grafting and drug delivery［J］. Chem. Mater. , 2009, 21(6):1000-1009.

实验四十三　溶胶凝胶法制备介孔生物活性玻璃

一、实验目的

(1) 掌握溶胶凝胶法制备介孔生物活性玻璃的方法。

(2) 掌握测试药物包封及缓释性能的方法。

(3) 掌握样品表征方法。

二、实验原理

生物活性玻璃的主要成分有二氧化硅、氧化钙和氧化磷。生物活性玻璃植入人体后,会在人体环境中发生表面化学反应,在其表面形成无机矿物质成分羟基磷灰石,进而与骨表面形成坚固的化学键合,并诱导骨形成,有利于骨修复。此外,生物活性玻璃在体内释放不同的离子,如硅、钙、磷等离子可以在基因水平上调节相关成骨细胞,促进骨细胞的成长。生物活性玻璃作为骨组织修复和代替的生物医学材料已受到国际生物医学材料界关注。

溶胶凝胶法是制备硅酸盐类化合物的一种常用方法,可在酸性或碱性条件下引发,实现对生物活性玻璃组分、形貌、结构的调控。近些年,科学家利用模板法制备出尺寸可控、分散性好的生物活性玻璃,并广泛应用于骨组织工程、载药载体系统。虽然该法制备的生物活性玻璃分散性好但多为致密的实心结构,限制了生物活性玻璃在载药方面的应用。为解决生物活性玻璃团聚、分散性差、载药率低的缺点,考虑到树枝状介孔生物玻璃不仅比表面积大且具有三维开放树枝状孔道,其结构独特,不仅大大增加了载药量,同时也具有较好的形貌,所以设计构建了高比表面积的树枝状介孔生物活性玻璃。

本实验采用操作简单、成本低、周期短的溶胶凝胶法来制备分散性好、比表面积大及具有三维开放树枝状孔道的独特结构的生物活性玻璃。

三、实验仪器与试剂

1. 仪器

集热式恒温加热磁力搅拌器、冷冻干燥机、高温炉、X射线衍射仪、傅里叶变换红外光谱仪、纳米粒度分析仪、全自动比表面积及孔径分析仪、紫外可见分光光度计。

2. 试剂

十六烷基三甲基溴化铵(CTAB)、三乙醇胺(TEA)、乙醇、环己烷、正硅酸乙酯(TEOS)、四水硝酸钙(CaNT)、磷酸三乙酯(TEP)、盐酸阿霉素(DOX)、磷酸缓冲液(PBS)。

四、实验步骤

1. 树枝状介孔生物活性玻璃的制备

将 3.6 g CTAB、200 mg TEA 和 36 mL 的超纯水置于容量 250 mL 的三口烧瓶中,磁力搅拌至澄清,在一定温度(40 ℃、60 ℃、80 ℃)下缓慢加入 TEOS 和环己烷的混合溶液 70 mL(TEOS 与环己烷的体积比为 1∶19),搅拌 8 h,同时加入 0.632 5 g CaNT,搅拌 9 h;同时加入 0.051 mL TEP,继续反应 12 h,形成溶胶。将溶胶用乙醇、超纯水交替洗涤、离心至上清液澄清,冷冻(−45 ℃)干燥 72 h,得到白色固体,将其在 600 ℃下高温煅烧 3 h,制成树枝状介孔生物活性玻璃。

2. 载药量与包封率的测定

称取 20 mg 介孔生物活性玻璃超声分散于 10 mL 的 PBS 中,加入 10 mL 质量浓度为 1 g/L 的 DOX,室温避光磁力搅拌 24 h。将混合溶液离心,分别用 PBS 和超纯水交替清洗数次得到 RMBG2 的载药复合物,并根据下式计算 RMBG2 的载药量和包封率:

$$LC = \frac{M_0 - M_1}{m} \times 100\%$$

$$EE = \frac{M_0 - M_1}{M_0} \times 100\%$$

式中,LC 为载药量,以百分比表示;

EE 为包封率,以百分比表示;

M_0 为初始药物质量;

M_1 为上清液中药物质量;

m 为负载剂的质量,以上各量的质量单位均为 mg。

3. 载药及释药实验

精确称取 2 mg DOX,分别溶解在 2 mL 的 pH 分别为 7.4 和 5.0 的 PBS 缓冲溶液中,待完全溶解稀释至不同的浓度,测定 480 nm 处溶液的吸光度得到 DOX 标准曲线。pH 为 5.0 时的标准曲线方程为

$$y = 17.112x + 0.0393$$

$$R^2 = 0.9995$$

pH 为 7.4 时的标准曲线方程为

$$y = 16.908x + 0.0117$$

$$R^2 = 0.9993$$

称取 5 mL 载药的样品,分别溶解在 5 mL 的 pH 分别为 7.4 和 5.0 的 PBS 缓冲溶液中,各取 2 mL 溶液于透析袋中,将透析袋分别置于 18 mL 的 pH 分别为 7.4 和 5.0 的 PBS 缓冲溶液中,在特定时间(0.5 h、1 h、2 h、4 h、8 h、12 h、24 h、36 h、48 h、72 h、96 h)各取 1 mL 缓释液,并用相应 pH 的 PBS 补齐,用紫外分光光度计测定其吸光度,并计算累积释药量。

五、实验结果与讨论

(1) 在 X 射线衍射仪上测绘树枝状介孔生物活性玻璃的 XRD 图谱。

(2) 测绘样品的氮气吸附脱附曲线。

(3) 测绘包封前后样品的红外光谱图。

(4) 计算样品的包封率和缓释率。

实验四十四 刻蚀法制备具有减反增透和超疏水特性的玻璃

一、实验目的

(1) 掌握玻璃的刻蚀机理及超疏水表面的改性方法。

(2) 掌握刻蚀玻璃的表征方法。

(3) 掌握超疏水、高反射玻璃的制备方法。

二、实验原理

透光性和表面润湿性是材料的两个重要特性,其在防水、防雾、自清洁以及透光等方面有着重要的应用价值。在显示玻璃屏的制作环节中,玻璃基板的减薄化处置是确保该工艺完成的重要环节,玻璃减薄效果的好坏将直接影响产品的质量,主要方法有层层自组装法、化学刻蚀法、喷涂法、旋涂法和提拉法等。

玻璃基板的透明性在许多光学和电子器件的性能中起着重要作用。用热碱溶液可在玻璃表面"雕刻"出一种高性能的宽范围抗反射层,可通过改变玻璃基板的原始成分和刻蚀时间,控制其形貌、成分、表面和光学性能。

玻璃的腐蚀机理主要为水化水解、离子交换、网络重建。在大多数玻璃结构中都存在空隙,但是还没有大到能让水分子渗透进去,所以水解反应可能伴随着一种网状溶解产物,通过释放可溶于水的物质而使 $Si(OH)_4$ 进入溶液中,留下较大的空隙等待进一步反应,如反应式(2)所示。在碱性溶液中,OH^- 浓度较高,反应向右进行。离子交换是玻璃改性剂的阳离子(Na^+,K^+,Ca^{2+} 等)与来自水的质子(H_2O 和 H_3O^+)的交换,如反应式(3)、(4)所示。离子交换生成的硅烷醇基团(Si—OH),可以通过脱水浓缩成 Si—O—Si 网络,聚集胶态二氧化硅颗粒,称为网络重建。刻蚀玻璃从水解反应开始,打开了离子交换通道,为离子交换反应提供了空隙,允许水和离子进入玻璃。刻蚀倾向于发生在修饰离子附近的区域和修饰离子较多的区域,可以形成更多的蚀刻通道。

$$Si—O—Si + H_2O \rightleftharpoons Si—OH + OH—Si \tag{1}$$

$$Si—O—Si(OH)_3 + OH^- \longrightarrow Si—O—Si(OH)_4^- \rightarrow Si—O^- + Si(OH)_4 \tag{2}$$

$$Si—OR + H_3O^+ \longrightarrow Si—OH + R^+ + H_2O \tag{3}$$

$$Si — OR + H_3O \longrightarrow Si — OH + R^+ + OH^- \tag{4}$$

本实验通过简单的一步水热碱性刻蚀,然后经低表面能物质 1H,1H,2H,2H-全氟辛基三乙氧基硅烷修饰,生成具有超疏水性质和高透光率的玻璃。刻蚀温度和刻蚀时间对玻璃润湿性和透光性有一定的影响。随着刻蚀温度的升高或刻蚀时间的增长,玻璃表面的疏水性会更好。在所观察的刻蚀温度和刻蚀时间范围内,随着刻蚀温度的升高或刻蚀时间的增长,样品的透光率先增大后减小。在 120 min,85 ℃实验条件下,玻璃表面接触角为 152°,最大透光率达 98.1%（537 nm）。

三、实验仪器与试剂

1. 仪器

紫外-可见光谱仪（TU-1901）、紫外-可见-近红外光谱仪（Varian Cary 5000,Varian）;测量样品的反射光谱;JC2000 接触角/界面测量仪、反应釜。

2. 试剂

玻璃片（帆船牌）,规格 7.5 cm×2.5 cm×0.1 cm;氢氧化钠、乙醇、丙酮;1H,1H,2H,2H-全氟辛基三乙氧基硅烷（POTS,97%）。

四、实验步骤

1. 玻璃刻蚀

首先将玻璃片用超纯水、乙醇、丙酮（体积比 1∶1∶1）的混合溶液超声洗涤 30 min,氮气吹干后,放入盛有 5 g/L 的 NaOH 溶液的不锈钢反应釜的聚四氟乙烯内胆中,密封反应釜。然后在 85 ℃温度下加热 100 min,可以考察不同刻蚀温度和时间对玻璃润湿性和透光率的影响。最后将刻蚀过的玻璃片分别用超纯水和乙醇洗净,氮气吹干,备用。

2. 疏水化修饰

将刻蚀过的玻璃片放入反应釜,在容器底部滴入 20 mL POTS 后密封,然后放入烘箱,120 ℃下加热 2 h。之后打开反应釜,150 ℃加热 90 min 除去未反应的 POTS。

五、实验结果与讨论

（1）测绘刻蚀前后玻璃片的 XRD 图谱。

（2）测绘刻蚀前后玻璃片的红外光谱图。

（3）测绘刻蚀前后玻璃片的接触角。

参 考 文 献

[1]　李彤,贺军辉.刻蚀法制备具有减反增透和超疏水性质的玻璃表面[J].科学通报,2014,59:

715-721.

[2] XIONG J J, DAS S N, KAR J P, et al. A multifunctional nanoporous layer created on glass through a simple alkali corrosion process [J]. J. Mater. Chem., 2010, 20: 10246-10252.

[3] GEISLER T, DOHMEN L, LENTING C, et al. Real-time in situ observations of reaction and transport phenomena during silicate glass corrosion by fluid-cell Raman spectroscopy [J]. Nat. Mater., 2019, 18: 342-348.

[4] CAILLETEAU C, ANGELI F, DEVREUX F, et al. Insight into silicate glass corrosion mechanisms [J]. Nat. Mater., 2008: 978-983.

实验四十五　溶胶凝胶法制备二氧化硅透明超疏水涂层

一、实验目的

(1) 掌握透明超疏水涂层的制备方法。
(2) 掌握超疏水涂层的表征方法。

二、实验原理

超疏水表面具有自清洁性、防污特性、疏水、疏油、低摩擦系数等独特的表面性能，具有巨大的应用价值。疏水表面的自清洁玻璃可以减少空气中灰尘等污染物的污染，在高湿度环境或者雨天保持透明度。

本实验采用溶胶凝胶法在表面粗糙度和光学透过率之间取得一个合适的平衡点，在透明基底上制备超疏水表面。采用 Stöber 法，制备出粒径可控、尺寸均一的二氧化硅溶胶，通过不同尺寸溶胶粒子的合理组合，得到微观结构上具有二元粗糙层次的粗糙表面。采用提拉法将载玻片透明基底在十八烷基三氯硅烷、四氢全氟癸基三氯硅烷、硬脂酸等低表面能物质中涂膜，采用浸泡法等对制备的涂层做表面修饰，以得到超疏水表面涂层。

三、实验仪器与试剂

1. 仪器

提拉镀膜机、烘箱、接触角测定仪、红外光谱仪、X 射线衍射仪。

2. 试剂

氨水、正硅酸乙酯、磷酸、浓硫酸、双氧水（H_2O_2）、硬脂酸、正己烷、十八烷基三氯硅烷。

四、实验步骤

1. 二氧化硅溶胶的制备

采用 Stöber 法制备二氧化硅溶胶，其二氧化硅粒子粒径可控、尺寸均一，典型的制备过程如下：将 3 mL 25% 氨水加入 50 mL 无水乙醇中，搅拌 10 min 充分混合均匀；搅拌条件下逐滴加入 3 mL 正硅酸乙酯，加完继续搅拌 2 h 得到稳定的、包含较均一尺寸的纳米二氧化硅粒子的溶胶备用。

2. 载玻片的预处理

将载玻片浸入新鲜配制的磷酸水混合液(质量比 50∶50)或热 Piranha 溶液(98%浓硫酸∶30%双氧水＝7∶3,体积比)中,处理 60 min。到预定时间后取出,用大量去离子水洗净,用氮气吹干或放入 60 ℃烘箱中烘干备用。

3. 提拉涂膜

将处理好的载玻片浸入溶胶中,30 s 后用自制提拉涂膜机以 2～3 mm/s 的速度拉出,室温下静置 10 min。重复上述过程进行二次或多次提拉涂膜,涂膜结束后放入 60 ℃烘箱干燥 24 h。所制备的载玻片样品在正反两面均有涂层。

4. 表面修饰

将涂膜已干燥的载玻片样品浸入 10 mmol/L 的硬脂酸的正己烷溶液中,24 h 后取出,用正己烷反复冲洗,60 ℃烘干,即得到样品。或将涂膜已干燥的载玻片样品浸入 5 mmol/L 的十八烷基三氯硅烷的正己烷溶液中,2 h 后取出,用正己烷反复冲洗,60 ℃烘干,即得到样品。

五、实验结果与讨论

(1) 采用表面接触角测试仪测定超疏水涂层的水的接触角,判定超疏水涂层的润湿性能。

(2) 采用红外光谱仪测试超疏水涂层的功能基团。

(3) 采用 X 射线衍射仪测试超疏水涂层的表面结构。

参 考 文 献

[1] 史明辉.溶胶凝胶法制备透明超疏水涂层[D].上海:上海交通大学,2008.

[2] 刘文杰,周游,伍辉儒,等.纳米 SiO_2/氟碳杂化透明疏水耐磨涂层的制备及其性能研究[J].南昌航空大学学报(自然科学版),2018,32(1):65-70.

[3] 葛思洁,王法军,温姜霞,等.SiO_2/PDMS 复合透明超疏水涂层的制备与性能研究[J].化工新型材料,2017,45(6):227-229.

[4] 刘朝杨,程璇.透明超疏水疏油涂层的制备及性能[J].功能材料,2013,44(6):870-873.

实验四十六　Stöber 法制备单分散二氧化硅粒子

一、实验目的

(1) 掌握溶胶凝胶法的原理与方法。
(2) 掌握 Stöber 法制备单分散二氧化硅粒子的原理及方法。
(3) 掌握 Stöber 法中二氧化硅粒子成核、生长之间的关系及生长模型。

二、实验原理

Stöber 法是最为常见的制备低多分散度二氧化硅粒子的经典方法。通过调节氨水浓度等变量,可在 20~500 nm 范围内轻易调控粒子尺寸。但该方法很难制备出单分散性较好的微米级二氧化硅粒子或高单分散的小尺寸二氧化硅粒子(如小于 200 nm 的粒子体系)。当制备的粒子尺寸大于 500 nm 时,其在反应介质中受高浓度的电解质影响,易发生凝胶化或聚沉,形成形貌不规则、尺寸也很不均一的大粒子。在制备小尺寸的二氧化硅粒子时(小于 200 nm),粒子的均一性随尺寸减小也会急剧变差。

经典的 Stöber 法中包含水解和缩合两类反应:首先 TEOS 在氨水催化下发生水解反应,形成具有不同数量羟基($x = 1 \sim 4$)的水解产物;随后在氨水的催化下,水解产物间或水解产物与未水解的 TEOS 间发生缩合反应,形成寡聚或多聚硅氧烷化合物:

$$Si(OEt)_4 + xH_2O \rightleftharpoons Si(OEt)_{4-x}(OH)_x + xEtOH$$

$$2Si(OEt)_{4-x}(OH)_x \rightleftharpoons (EtO)_{8-2x}(Si—O—Si)(OH)_{2x-2} + H_2O$$

$$Si(OEt)_4 + Si(OEt)_{4-x}(OH)_x \rightleftharpoons (EtO)_{7-x}(Si—O—Si)(OH)_{x-1} + EtOH$$

三、实验仪器与试剂

1. 仪器

Smartlab SE 型 X 射线衍射仪、Tristar3020 多通道全自动比表面积与孔隙度分析仪、Axio Lab A1 型偏光显微镜。

2. 试剂

无水乙醇(优级纯)、氨水(质量分数 25%)、正硅酸四乙酯,所有实验用水均为高纯水。

四、实验步骤

Stöber 法制备不同粒径容量为 250 mL 的三口烧瓶中的二氧化硅粒子的过程如下：25 ℃、250 转/min 条件下，依次加入 50 mL 乙醇、1.0 mL 水、1.0 mL 硅酸乙酯及不同体积的 25% 氨水（1.0 mL, 2.0 mL, 3.0 mL, 3.5 mL, 4.0 mL, 5.0 mL 及 7.0 mL），在整个反应体系中氨水浓度依次为 0.25 mol/L, 0.5 mol/L, 0.73 mol/L, 0.84 mol/L, 0.95 mol/L, 1.17 mol/L 及 1.58 mol/L。在 25 ℃ 条件下反应 6 h 结束反应。二氧化硅粒子样品离心水洗两次（10 000 转/min, 20 min），二氧化硅粒子分散在乙醇中，可用于测试表征。

五、实验结果与讨论

（1）测定不同氨水浓度的二氧化硅粒子的粒度。

（2）测绘不同氨水浓度的二氧化硅粒子的 XRD 图谱。

（3）测定不同氨水浓度的二氧化硅粒子的比表面积。

参 考 文 献

[1]　STÖBER, FINK W, BOHN A, E. Controlled growth of monodisperse silica spheres in the micron size range [J]. J. Colloid Interface Sci., 1968, 26: 62-69.

[2]　VAN BLAADEREN A, VAN GEEST J, VRIJ, A. Monodisperse colloidal silica spheres from tetraalkoxysilanes: particle formation and growth mechanism[J]. J. Colloid Interface Sci., 1992, 154: 481-501.

[4]　MATSOUKAS T, GULARI E. Dynamics of growth of silica particles from ammonia-catalyzed hydrolysis of tetra-ethyl-orthosilicate [J]. J. Colloid Interface Sci., 1988, 124: 252-261.

[4]　MATSOUKAS T, GULARI E. Monomer-addition growth with a slow initiation step: A growth model for silica particles from alkoxides [J]. J. Colloid Interface Sci., 1989, 132: 13-21.

[5]　MATSOUKAS T, GULARI E. Self-sharpening distributions revisited polydispersity in growth by monomer addition [J]. J. Colloid Interface Sci., 1991, 145: 557-562.

[6]　韩延东. Stöber 法二氧化硅粒子生长机制及可控制备的研究[D]. 长春: 吉林大学, 2018.

实验四十七　多孔纳米二氧化硅的制备及表征

一、实验目的

(1) 掌握多孔纳米二氧化硅制备方法。
(2) 掌握多孔纳米二氧化硅孔径调控方法
(3) 掌握多孔纳米二氧化硅的表征。

二、实验原理

介孔二氧化硅纳米粒子具有较大的表面积和孔隙体积，提供高负载装载疏水性和亲水性药物客体分子的能力，为药物传递提供了一个通用的平台。介孔二氧化硅纳米粒子的结构和功能可以通过多种多样的合成策略进行设计和调控。通过不同的模板剂、造孔剂和不同的合成条件，可以改变颗粒大小、孔径、形态、空间选择性、化学功能性、孔隙大小和孔隙结构。

实验采用十六烷基三甲基铵盐控制介孔材料的形态的方法来制造纳米尺寸的介孔颗粒，对介孔纳米粒子的粒径在多个范围内进行调整(图 47.1)。

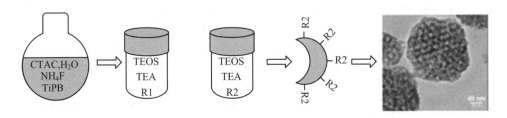

图 47.1　介孔二氧化硅纳米颗粒制备示意图

三、实验仪器与试剂

1. 仪器

Smartlab SE 型 X 射线衍射仪、Tristar3020 多通道全自动比表面积与孔隙度分析仪、Axio Lab A1 型偏光显微镜。

2. 试剂

氟化铵（NH₄F）、十六烷基三甲基氯化铵（CTAC）、正硅酸乙酯（TEOS）、三乙醇胺（TEA），所有实验用水均为高纯水。

四、实验步骤

（1）取 100 mL 圆底单口烧瓶，加入氟化铵 200 mg、水 48.2 g、十六烷基三甲基氯化铵 0.586 g，加热到 60 ℃，750 转/min 磁力搅拌 20 min，记为溶液 A。

（2）取三乙醇胺 28.70 g 于带盖塑料管中加热到 90 ℃，再取正硅酸乙酯（TEOS）4.12 mL 加入带盖塑料管中加热到 90 ℃，记为溶液 B。

（3）将加热后的三乙醇胺和正硅酸乙酯立即加入到溶液 A 中，大力搅拌，反应溶液慢慢冷却到室温，澄清溶液慢慢变白，同时继续搅拌过夜。

（4）向溶液中加入 100 mL 乙醇，随后转移到 50 mL 的离心管中，并以 20 000 转/min 的速度向下离心分离 20 min。

（5）倒出上清液，下层液中加入 30 mL 乙醇，再分散 10 min，然后超声 10 min，离心。

（6）取样品以 2 ℃/min 的升温速率升至，550 ℃，煅烧 5 h。

五、实验结果与讨论

（1）测绘样品的 XRD 图谱。

（2）测绘样品的红外光谱。

（3）取 20 mg 左右的样品于 120 ℃真空干燥 12 h，测绘氮气吸附-脱附曲线。

参 考 文 献

[1] MÖLLER K，BEIN T. Talented mesoporous silica nanoparticles[J]. Chem. Mater.，2017,29(1):371-388.

[2] YAMAMOTO E，KITAHARA M，TSUMURA T，et al. Preparation of size-controlled monodisperse colloidal mesoporous silica nanoparticles and fabrication of colloidal crystals [J]. Chem. Mater.，2014,26(9):2927-2933.

[3] MOON D，LEE J K. Tunable synthesis of hierarchical mesoporous silica nanoparticles with radial wrinkle structure[J]. Langmuir,2012，28(33):12341-12347.

实验四十八　一步法合成功能化中空介孔二氧化硅纳米颗粒

一、实验目的

(1) 掌握功能化中空介孔二氧化硅纳米颗粒的制备方法。

(2) 掌握功能化中空介孔二氧化硅纳米颗粒孔径、核壳的调控方法。

(3) 掌握中空介孔二氧化硅纳米颗粒的表征方法。

二、实验原理

二氧化硅具有良好的生物相容性、低毒性及物理化学稳定性,功能化中空介孔结构兼具有比表面积大、孔体积大且可调等优点。中空介孔二氧化硅纳米颗粒(HMSNs)的制备方法通常分为硬模板法、软模板法、选择性刻蚀法及自模板法。3-氨丙基三乙氧基硅烷(APTES)起显著维持 HMSNs 形态的作用。若不添加APTES,则形成粒径约为 40 nm 的无空洞的介孔二氧化硅纳米颗粒,APTES 是其形成中空的内部决定性因素。由于在水中溶解度的差异,可溶性的 APTES 和不溶于水的 TEOS,在被加入到 CTAB 溶液中后,质子化 APTES 在 TEOS 液滴周围起到稳定剂的作用。表面活性剂 CTAB 调节了壳的形成过程,CTAB 胶束在水-油界面被捕获,并作为结构导向剂发生作用。氨水的加入加速了 TEOS 的水解,并形成带负电荷的二氧化硅碎片,容易在带正电荷的 CTAB 胶束上形成沉淀,与 TEOS共沉淀形成外壳层,从而形成中空结构(图 48.1)。

三、实验仪器与试剂

1. 仪器

Smartlab SE 型 X 射线衍射仪、Tristar3020 多通道全自动比表面积与孔隙度分析仪、Axio Lab A1 型偏光显微镜。

2. 试剂

正硅酸乙酯(TEOS)、十六烷基三甲基溴化铵(CTAB)、3-氨丙基三乙氧基硅烷(APTES)、氨水($NH_3 \cdot H_2O$),所有实验用水均为高纯水。

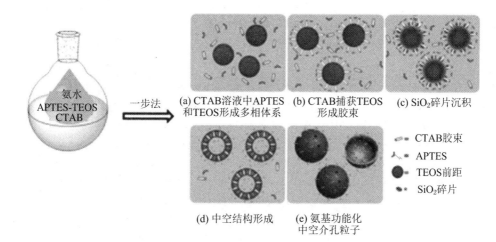

(a) CTAB溶液中APTES和TEOS形成多相体系　(b) CTAB捕获TEOS形成胶束　(c) SiO$_2$碎片沉积

(d) 中空结构形成　(e) 氨基功能化中空介孔粒子

- CTAB胶束
- APTES
- TEOS前距
- SiO$_2$碎片

图 48.1　中空介孔二氧化硅纳米颗粒制备原理

四、实验步骤

1. 中空介孔二氧化硅纳米颗粒制备

取 250 mL 圆底单口烧瓶,加入 140 mL 的高纯水,加入十六烷基三甲基氯化铵 1.50 g,室温下缓慢搅拌,随后逐渐提高搅拌速率,继续搅拌至溶液呈透明状态,加入 0.5 mL 的氨水(25%),逐滴加入正硅酸乙酯(TEOS)1.50 g,2 min 后再加入 0.5 g 的 3-氨丙基三乙氧基硅烷,搅拌 15 min 形成易被刻蚀的有机-无机杂化二氧化硅层,室温 750 转/min 磁力搅拌 5 h。离心用无水乙醇洗涤 3 次。将样品分散于 120 mL 的乙醇溶液中,加入盐酸(质量分数37%)12 mL,60 ℃下搅拌回流 12 h,趁热离心过滤,用水洗涤 3 次,60 ℃下真空干燥得到白色样品。

2. 介孔二氧化硅纳米颗粒制备

取 250 mL 圆底单口烧瓶,加入 140 mL 的高纯水,加入十六烷基三甲基氯化铵 1.50 g,加入 0.5 mL 的氨水(质量分数 25%),室温下缓慢搅拌 30 min,随后逐渐提升搅拌速率,继续搅拌至溶液呈透明状态,逐滴加入正硅酸乙酯(TEOS)1.50 g,室温下 750 转/min 磁力搅拌 5 h。离心用无水乙醇重复洗涤 3 次。将样品分散于 120 mL 的乙醇溶液中,加入盐酸(质量分数37%)12 mL,60 ℃下搅拌回流 12 h,趁热离心过滤,用水洗涤 3 次,60 ℃下真空干燥得到白色样品。

五、实验结果与讨论

(1) 测绘样品的 XRD 图谱。

(2) 测绘样品的红外光谱。

(3) 取 20 mg 左右样品在 120 ℃下真空干燥 12 h,测绘氮气吸附-脱附曲线。

参 考 文 献

[1]　HAO N J，JAYAWARDANA K W，CHEN X，et al. One-step synthesis of amine-functionalized hollow mesoporous silica nanoparticles as efficient antibacterial and anticancer materials[J]. ACS Appl. Mater. Interfaces，2015(7)：1040-1045.

[2]　YAMAMOTO E，KITAHARA M，TSUMURA T，et al. Preparation of size-controlled monodisperse colloidal mesoporous silica nanoparticles and fabrication of colloidal crystals [J]. Chem. Mater. ，2014,26(9)：2927-2933.

[3]　MOON D，LEE J K. Tunable synthesis of hierarchical mesoporous silica nanoparticles with radial wrinkle structure[J]. Langmuir,2012，28(33)：12341-12347.

实验四十九　静置法制备微米尺寸多孔二氧化硅颗粒

一、实验目的

(1) 掌握微米尺寸介孔二氧化硅的制备方法。

(2) 掌握阳离子-非离子表面活性剂混合胶束模板在介孔二氧化硅制备中的应用。

(3) 掌握微米尺寸介孔二氧化硅的表征方法。

二、实验原理

在宏观尺度上，色谱分离和作为固相催化剂吸附剂的性能取决于颗粒的大小、孔隙率、质地和机械强度。同时，需要高比表面积和单分散孔径来获得必要的空间流动速度和分子选择性。微米尺寸的二氧化硅微球是上述色谱分离的首选材料。在高温下将 0.1~2 mm 均匀尺寸的二氧化硅微球封装并退火可以作为高端色谱填料使用。一般来说，微米尺寸的二氧化硅微球可以通过喷雾干燥形成小的溶胶液滴来制备，也可以通过加热或将液滴加入到不混溶的液体中形成直径为 0.1~5 mm 的球形凝胶来制取。

在静态酸性条件下制备的介孔二氧化硅具有多种形状，主要有环形、圆盘形、螺旋形和球形。表面活性剂在二氧化硅微球的制备中起到非常重要的模板剂的作用。非离子表面活性剂在柔性二氧化硅胶束的界面上通过氢键形成了无序介观结构，微球的形成为单向聚集过程，而不是定向增长过程。阳离子表面活性剂吸附在球形颗粒上防止球形颗粒静电引力聚集，随着颗粒物的进一步增加，球形颗粒物的比例越来越大，进而形成均匀光滑的微米级二氧化硅微球。

本实验采用正硅酸乙酯为原料，在静态酸性条件下，使用阳离子表面活性剂与非离子表面活性剂混合胶束制备 2~6 μm 的介孔二氧化硅微球。

三、仪器设备

1. 仪器

Smartlab SE 型 X 射线衍射仪、Tristar3020 多通道全自动比表面积与孔隙度分析仪、Axio Lab A1 型偏光显微镜。

2. 试剂

正硅酸乙酯（TEOS）、十六烷基三甲基溴化铵（CTAB）、脂肪醇聚氧乙烯（$C_{16}EO_{10}$）、浓盐酸（4 mol/L HCl）、所有实验用水均为高纯水。

四、实验步骤

取 250 mL 的圆底单口烧瓶，加入 20 mL 的 4 mol/L 盐酸，加入 0.35 g 十六烷基三甲基溴化铵（CTAB）和 0.33 g 脂肪醇聚氧乙烯（$C_{16}EO_{10}$），室温下缓慢搅拌，形成透明溶液，然后在磁力搅拌下加入 1.79 g 正硅酸乙酯（TEOS），搅拌 20 min，静置陈化 16 h。用去离子水离心洗涤白色凝胶 3～5 次，在 80 ℃ 环境下干燥。最后以 2 ℃/min 的升温速率升到 600 ℃，保温煅烧 4 h 以去除表面活性剂。

五、实验结果与讨论

（1）测绘样品的 XRD 图谱。
（2）测定样品的比表面积及孔径。
（3）采用 Axio Lab A1 型偏光显微镜测定介孔二氧化硅的尺寸。

六、思考题

（1）阳离子-非离子表面活性剂混合胶束模板的作用是什么？
（2）静置法的主要目的是什么？

参 考 文 献

[1] QI L M，MA J M，CHENG H M，et al. Micrometer-sized mesoporous silica spheres grown under static conditions[J]. Chem. Mater.，1998(10)：1623-1626.

[2] KOSUGE K，MURAKAMI T，KIKUKAWA N，et al. Direct synthesis of porous pure and thiol functional silica spheres through the $S^+ X^- I^+$ assembly pathway[J]. Chem. Mater.，2003，15(16)：3184-3189.

实验五十 微流控法制备微米级多孔二氧化硅微球

一、实验目的

(1) 掌握微流控法制备多孔二氧化硅微球的方法。

(2) 掌握大尺寸均匀二氧化硅微球的制备原理。

(3) 掌握影响二氧化硅微球大小的因素。

二、实验原理

微流控技术是制备微球及其他微型颗粒的一种新方法,该方法与传统制备方法相比具有明显的优势:微球的形态、成分、结构可控,粒径分布窄,自动化程度高,溶剂用量少,反应时间短等。目前,利用微流控技术可以制备多种材料如无机材料、聚合物材料等微球。正硅酸乙酯(TEOS)以三嵌段共聚物(F127)作为模板在酸性水溶液中预水解,形成溶胶,采用微流控装置将形成的溶胶注入到丙烯酰胺溶液中,通过控制滴加速率,制备了粒径、孔径可调节的微米尺寸的单分散介孔二氧化硅球。

聚合物浓度、正硅酸乙酯浓度、盐酸浓度等都会对制备二氧化硅微球粒径、表面形状及内部结构产生影响,通过控制连续相和分散相的流量,调整二氧化硅溶胶滴的大小可以制备粒径从几十到几百微米的单分散二氧化硅球。聚合物单体浓度的越大,二氧化硅溶胶液滴凝固速度越快,去除聚合物后的微球的结构更加光亮疏松,并有一些织构孔隙。在相对较高的 TEOS 浓度下,液滴的溶解速率降低,二氧化硅球表面光滑,内部结构紧凑并出现大量的纹理气孔。在较低的盐酸浓度下,丙烯酰胺的聚合反应慢,二氧化硅球具有更均匀的结构。二氧化硅球具有丰富的表面结构和介孔孔隙,比表面积大于 $550\ m^2/g$,孔隙体积大于 $1.1\ cm^3/g$,对牛血清白蛋白具有较强的吸附能力,吸附容量可达到 $520\ mg/g$。

三、实验仪器和试剂

1. 仪器

Smartlab SE 型 X 射线衍射仪、Tristar3020 多通道全自动比表面积与孔隙度分析仪、高温炉、蠕动泵。

2. 试剂

正硅酸乙酯（TEOS）、聚醚（F127，EO_{106} PO_{70} EO_{106}）、聚乙二醇（PEG20000）、N，N-亚甲基双丙烯酰胺、过硫酸铵、司盘 85、液体石蜡、三辛胺、盐酸（0.1 mol/L HCl）、丙酮，所有实验用水均为高纯水。

四、实验步骤

1. 二氧化硅溶胶分散相的制备

将 1.5 g 的 F127 和 3.0 g 的 PEG20000 溶解于 100 mL 的 0.1 mol/L 盐酸中，磁力搅拌加入 15 g 的 TEOS，搅拌得到澄清的二氧化硅溶胶。聚合单体水溶液为 15.0 g 丙烯酰胺、3.0 g N，N-亚甲基双丙烯酰胺、去离子水 20.0 g、过硫酸铵 0.4 g。取聚合单体水溶液 2.0 g 加入过硫酸铵水溶液 0.2 g、5.0 g 硅溶胶，搅拌 5 min，然后离心，去除气泡。

2. 油相、沉淀剂的制备

油相为含 2%（质量百分比）司盘 85 的液体石蜡；沉淀介质为液体石蜡溶液，含 2%（质量百分比）司盘 85 和 30%（质量百分比）三辛胺，中和多余的盐酸。

3. 二氧化硅微球的制备

将分散相二氧化硅溶胶溶解在油相中形成单分散的液滴，将分散相以 0.02 mL/min 的速度注入到加热至 75 ℃ 的沉淀介质中，并在 1～2 min 内迅速固化，沉淀后的有机-无机杂化球在沉降柱中保温 30 min，离心过滤。加入辛醇 10 mL、乙酸 5 mmol 以中和残留的胺，保持酸性环境，同时放入高压反应釜，在 100 ℃ 下反应 24 h 完成丙烯酰胺和二氧化硅溶胶的聚合。固体产物用丙酮洗净，80 ℃ 烘干，然后在 550 ℃ 下煅烧 6 h 以去除模板剂，得到二氧化硅微球。

五、实验结果与讨论

（1）测绘样品的 XRD 图谱。

（2）采用 Axio Lab A1 型偏光显微镜观察样品的形貌。

六、思考题

（1）微流控法和溶胶凝胶法比较有何优缺点？

（2）影响二氧化硅微球粒径大小的因素有哪些？

参 考 文 献

CHEN Y，WANG Y J，YANG L M，et al. Micrometer-sized monodispersed silica spheres with advanced adsorption properties[J]. AIChE J.，2008，54(1)：298-309.

实验五十一 超大孔径介孔二氧化硅 微球的制备

一、实验目的

(1) 掌握超大介孔二氧化硅微球的制备方法。

(2) 掌握超大介孔二氧化硅微球的应用。

二、实验原理

孔径是影响多孔材料性能的关键参数之一，对于生物大分子，通常使用高分子量表面活性剂为模板，加入疏水添加剂如 TMB（1,3,5-三甲苯）作为膨胀剂，来扩大介孔材料孔径。

本实验采用 Brij-56 和 Brij-97 为模板，以乙酸乙酯（EA）和邻苯二甲酸二甲酯（DOP）作为添加剂，在中性 pH 体系中可控制备直径分别为 20 nm、33 nm 和 40 nm，具有相互连接的中尺度通道的 3 种新颖的球形介孔二氧化硅生物材料，可以应用于生物大分子选择性吸附。

三、实验仪器和试剂

1. 仪器

Smartlab SE 型 X 射线衍射仪、Tristar3020 多通道全自动比表面积与孔隙度分析仪、高温炉。

2. 试剂

正硅酸乙酯（TEOS）、Brij-56（$C_{16}H_{33}EO_{10}$）、Brij-97（$C_{18}H_{35}EO_{10}$）、氨基三乙氧基硅烷（APTES），所有实验用水均为高纯水。

四、实验步骤

1. B_{56}-E-20 的制备

将 4.8 g 的 Brij-56 溶解于 180 mL 的去离子水中，磁力搅拌 20 min，在搅拌时加入 0.3 APTES 和 0.462 g 的乙酸乙酯，继续磁力搅拌 30 min，磁力搅拌时加入 4.8 g 的 TEOS，各产物之间的摩尔比为：TEOS：Brij-56：H_2O：APTES：EA = 1：0.312：433：0.058：0.223，搅拌，转移到密闭的聚丙烯瓶中，加热到 100 ℃，

静置 24 h,冷却,离心洗涤,在 60 ℃下干燥,然后在 550 ℃下煅烧 6 h,得到产物。

2. B₅₆-D-33 的制备

用邻苯二甲酸二甲酯(DOP)替换掉乙酸乙酯,记为 B_{56}-D-33。将 5.0 g 的 Brij-56 溶解于 180 mL 的去离子水中,磁力搅拌 20 min。在搅拌时加入 0.3 g APTES 和 0.352 g 的邻苯二甲酸二甲酯,继续磁力搅拌 30 min,磁力搅拌下加入 4.8 g 的 TEOS,各产物之间的摩尔比为 TEOS:Brij-56:H_2O:APTES:EA = 1:0.312:433:0.058:0.016,搅拌,转移到密闭的聚丙烯瓶中,加热到 100 ℃,静置 24 h,冷却,离心洗涤,在 60 ℃干燥,然后在 550 ℃下煅烧 6 h,得到产物。

3. B₉₇-D-40 的制备

采用 Brij-97 为模板剂,以邻苯二甲酸二甲酯(DOP)为添加剂,记为 B_{97}-D-40。将 4.8 g 的 Brij-56 溶解于 180 mL 的去离子水中,磁力搅拌 20 min。在搅拌时加入 0.3 g APTES 和 0.352 g 的邻苯二甲酸二甲酯,继续磁力搅拌 30 min,磁力搅拌下加入 4.8 g 的 TEOS,各产物之间的摩尔比为 TEOS:Brij-97:H_2O:APTES:EA = 1:0.293:433:0.058:0.016,搅拌,转移到密闭的聚丙烯瓶中,加热到 100 ℃,静置 24 h,冷却,离心洗涤,在 60 ℃干燥,然后在 550 ℃下煅烧 6 h,得到产物。

五、实验结果与讨论

(1) 测绘样品的氮气-吸附脱附曲线,比较不同样品的孔径。
(2) 测绘样品的 XRD 图谱,并比较不同。

六、思考题

(1) Brij-56 等表面活性剂在材料合成中起到什么作用?
(2) 影响二氧化硅微球孔径大小的因素有哪些?

参 考 文 献

[1] CHEN L H, ZHU G S, ZHANG D L,et al. Novel mesoporous silica spheres with ultra-large pore sizes and theirapplication in protein separation[J]. J. Mater. Chem. , 2009 (19):2013-2017.

[2] SAFTY S A E, HANAOKA T. Microemulsion liquid crystal templates for highly ordered three-dimensional mesoporous silica monoliths with controllable mesopore structures[J]. Chem. Mater,2004(16):384-400.

实验五十二　以多孔二氧化硅微球为模板制备中空核@多孔壳结构碳微球

一、实验目的

(1) 掌握不同溶剂对制备二氧化硅微球的影响。

(2) 掌握二氧化硅中空核@多孔壳结构碳微球的制备方法。

二、实验原理

乙醇、异丙醇、丁醇等不同溶剂条件下对二氧化硅微球的表面形貌有一定的影响。在乙醇中合成的二氧化硅微球缩合程度较高,限制了二氧化硅微球的溶解和转化,形成具有介孔结构和光滑性表面,微球尺寸在 90 nm 左右。在异丙醇或丁醇合成的二氧化硅微球,在水热反应过程中,部分微球被碱性溶液溶解,再沉积在未溶解的球体上,且球形颗粒的平均粒径增大,在异丙醇溶剂中合成的微球粒径为 107 nm,在正丁醇溶剂中合成的微球粒径增大到 239 nm 左右。在异丙醇或丁醇溶剂中溶解的部分二氧化硅微球与表面活性剂发生自组装,溶解速率决定了壳的生长速度,形成的介孔二氧化硅微球周围具有高度波纹形,具有多孔的外壳和无序的孔道结构。

以这种尺寸可控的单分散无定形致密二氧化硅微球为模板,结合三氯化铝聚合剂,形成含有 Al 的多孔硅球,通过抽真空将苯酚和甲醛吸入多孔道中聚合成酚醛树脂,经过 850 ℃煅烧 7 h 形成碳球,进一步经过氢氟酸刻蚀掉二氧化硅制备成具有纳米中空结构的碳球(图 52.1)。这种碳球的比表面积可达 2 100 m^2/g,可以应用于纳米催化剂、高性能色谱填料。

三、实验仪器和试剂

1. 仪器

Smartlab SE 型 X 射线衍射仪、Tristar3020 多通道全自动比表面积与孔隙度分析仪、高温炉、扫描电镜。

2. 试剂

正硅酸乙酯(TEOS)、十六烷基三甲基溴化铵(CTAB)、乙醇、异丙醇、正丁醇、氢氟酸、氢氧化钠、六水三氯化铝（AlCl₃·6H₂O），所有实验用水均为高纯水。

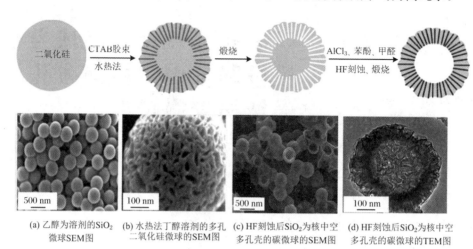

(a) 乙醇为溶剂的SiO₂　　(b) 水热法丁醇溶剂的多孔　　(c) HF刻蚀后SiO₂为核中空　　(d) HF刻蚀后SiO₂为核中空
　　微球SEM图　　　　　　二氧化硅微球的SEM图　　　多孔壳的碳微球的SEM图　　　多孔壳的碳微球的TEM图

图 52.1　二氧化硅中空核@多孔壳结构碳微球的制备

四、实验步骤

1. 二氧化硅微球的制备

量取 160 mL 乙醇，加入 16 mL 的氨水，加入 7 g TEOS，搅拌后过夜，得到的白色沉淀用乙醇离心洗涤 3～5 次，80 ℃干燥过夜，得到乙醇溶剂的二氧化硅微球。将溶剂乙醇分别替换为同体积的异丙醇、正丁醇，分别制备出以异丙醇溶剂的二氧化硅微球和以正丁醇为溶剂的二氧化硅微球。

2. SiO₂@CTAB 微球的制备

称取以乙醇为溶剂制备约 0.44 g 无定形二氧化硅微球分散在 100 mL 水中，加入 25.3 mL 无水乙醇，再加入 0.5 g CTAB、0.13 g 氢氧化钠，物料摩尔比为 SiO₂∶CTAB∶NaOH∶H₂O∶EtOH = 1∶0.18∶0.44∶0.75∶75，磁力搅拌 30 min 后放入反应釜中 100 ℃反应 24 h，产物经过无水乙醇离心洗涤 2～3 次，空气环境下以 1 ℃/min 的速率升温到 550 ℃保温 6 h，记为 SiO₂@CTAB 微球。

3. Al 负载的介孔二氧化奎微球的制备

称取煅烧后的多孔微球 0.44 g，放入 50 mL 乙醇、50 mL 水和 0.3 g AlCl₃·6H₂O 的混合溶液中，搅拌 1 h，离心，用乙醇洗涤，70～80 ℃烘干，在空气气氛下以 1 ℃/min 的速率升温到 550 ℃，保温 4 h 得到 Al 负载的介孔二氧化硅微球。

4. 中空核@多孔壳碳纳米微球的制备

称取 0.5 g 苯酚、0.35 g 多聚甲醛、0.44 g Al 负载的介孔二氧化硅球，搅拌，静置，抽真空到 −70 kPa，保持 4 h，然后在密闭系统下加热到 100 ℃保温 24 h，产物从白色变为红黑色，氮气气氛以下 1 ℃/min 的速率升温到 160 ℃保温 5 h，然后以 5 ℃/min 的速率升温到 850 ℃，保温 7 h。产物放入 10%的氟化氢溶液中，去除二氧化硅核,得到中空核@多孔壳的碳微球。

五、实验结果与讨论

(1) 测绘样品的 XRD 图谱。

(2) 测绘样品的比表面积及孔径。

(3) 采用 Axio Lab A1 型偏光显微镜观察样品的形貌。

六、思考题

(1) Al 负载的主要目的是什么?

(2) 苯酚、多聚甲醛制备纳米碳的原理是什么?

参 考 文 献

[1] DENG T S, MARLOW F. Synthesis of monodisperse polystyrene@vinyl-SiO$_2$ core-shell particles and hollow SiO$_2$ spheres[J]. Chem. Mater., 2012, 24(3):536-542.

[2] YOO W C, STEIN A. Solvent effects on morphologies of mesoporous silica spheres prepared by pseudomorphic transformations [J]. Chem. Mater., 2011, 23 (7): 1761-1767.

[3] KOSUGE K, MURAKAMI T, KIKUKAWA N, et al. Direct synthesis of porous pure and thiol functional silica spheres through the S$^+$ X$^-$ I$^+$ assembly pathway[J]. Chem. Mater., 2003, 15(16):3184-3189.

实验五十三　核壳材料2-甲基咪唑锌盐@二氧化硅的制备及表征

一、实验目的

(1) 掌握核壳材料2-甲基咪唑锌盐@二氧化硅($ZIF\text{-}8@SiO_2$)的制备方法。

(2) 掌握中空材料氧化锌@二氧化硅($ZnO@SiO_2$)的制备方法。

二、实验原理

金属有机骨架材料ZIF-8具有特殊的孔隙结构性,可以作为理想的模板来制备具有特殊结构的独特纳米粒子,这种纳米粒子可用于气体吸收、药物分离等方面。具有核壳结构的$ZIF\text{-}8@SiO_2$和$ZnO@SiO_2$复合材料在催化、吸附等方面具有重要的应用。

三、实验仪器与试剂

1. 仪器

离心机、磁力搅拌器、X射线衍射仪、高温炉。

2. 试剂

六水合硝酸锌($Zn(NO_3)_2 \cdot 6H_2O$)、2-甲基咪唑($C_4H_6N_2$)、甲醇、无水乙醇、氢氧化钠、TEOS。

四、实验步骤

1. ZIF-8的制备

称取1.19 g六水合硝酸锌溶于30 mL甲醇中,并称取1.23 g 2-甲基咪唑溶于另一份30 mL甲醇中,分别形成澄清的溶液,将2-甲基咪唑甲醇溶液加入六水合硝酸锌甲醇溶液中混合,室温下搅拌24 h,将白色沉淀离心,用甲醇反复洗涤3次,60 ℃干燥得到ZIF-8。

2. $ZIF\text{-}8@SiO_2$核壳材料的制备

将ZIF-8溶于无水乙醇中,形成10 mg/mL混合液,取2 mL混合液加入100 mL乙醇中,磁力搅拌,加入0.1 mol/L的NaOH溶液调节pH为8,每间隔30 min加入0.4 mL的20%的TEOS乙醇混合液,共加入3次。混合液搅拌18 h,9 000转/min

离心,用乙醇洗涤 3 次,50 ℃ 干燥,得到 ZIF-8@SiO$_2$ 核壳材料。

3. ZnO@SiO$_2$ 中空材料的制备

将制备的 ZIF-8@SiO$_2$ 核壳材料置于高温炉中,以 1 ℃/min 的速率升温至 500 ℃,保温 2 h,得到中空 ZnO@SiO$_2$ 材料。

五、实验结果与讨论

(1)采用 X 射线衍射仪测绘 ZIF-8、ZIF-8@SiO$_2$、ZnO@SiO$_2$ 材料的 X 射线衍射图谱,比较材料 XRD 图谱的不同。

(2)采用 Axio Lab A1 型偏光显微镜观察 ZIF-8、ZIF-8@SiO$_2$、ZnO@SiO$_2$ 材料的形貌。

(3)采用比表面积及孔径分析仪测绘 ZIF-8、ZIF-8@SiO$_2$、ZnO@SiO$_2$ 材料氮气吸附-脱附曲线,并比较比表面积及孔径的变化。

六、思考题

(1)SiO$_2$ 的负载量对 ZIF-8@SiO$_2$ 的比表面积有何影响?

(2)ZnO@SiO$_2$ 中空材料相对于 ZIF-8@SiO$_2$ 有何特殊的用途?

参 考 文 献

[1] NAVARRO M, SEOANE B, MATEO E, et al. ZIF-8 micromembranes for gas separation prepared on laser-perforated brass supports[J]. J. Mater. Chem. A, 2014 (2):11177-11184.

[2] HE L, LI L, ZHANG L Y, et al. ZIF-8 templated fabrication of rhombic dodecahedron-shaped ZnO@SiO$_2$, ZIF-8@SiO$_2$ yolk-shell and SiO$_2$ hollow nanoparticles[J]. Cryst Eng. Comm., 2014(16):6534-6537.

[3] MUNN A S, DUNNE P W, TANG S V Y, et al. Large-scale continuous hydrothermal production and activation of ZIF-8[J]. Chem. Commun., 2015(51):12811-12814.

实验五十四 核壳材料 UiO-66@SiO₂ 的制备及表征

一、实验目的

(1) 掌握核壳材料 UiO-66@SiO₂ 的制备方法。

(2) 掌握 UiO-66@SiO₂ 用作液相色谱柱分离材料的优点。

二、实验原理

UiO-66 是一种锆基金属有机骨架材料,具有立方体刚性三维多孔结构,由直径为 1.1 nm 的八面体空腔和直径为 0.8 nm 的四面体腔体构成。UiO-66 具有良好的热稳定性、机械稳定性以及优良的化学稳定性。以 UiO-66 粒子作为毛细管柱的固定相具有反向形状选择性为可定向选择保留支链烷烃异构体。

本实验采用一锅法合成 MOFs@SiO₂ 核壳微球,以氨基化二氧化硅为支撑衬底生长 MOF 壳层。MOF 壳层的粒径可以通过调节反应物浓度、反应温度和时间来控制。制备的 UiO-66@SiO₂ 填料可对二甲苯和乙苯进行有效分离,具有色谱柱分辨率高、重现性好、柱压低等优点。填充柱既具有反向形状选择性,又具有分子筛分效果,可用于异构体的分离。

三、实验仪器与试剂

1. 仪器
离心机、磁力搅拌器、反应釜、X 射线衍射仪。

2. 试剂
四氯化锆($ZrCl_4$)、对苯二甲酸(H_2BDC)、N,N-二甲基甲酰胺、氨基纳米二氧化硅、二氯甲烷(CH_2Cl_2)。

五、实验步骤

1. UiO-66@SiO₂ 核壳材料的制备
称取四氯化锆 0.64 g,用 40 mL DMF 溶解于 250 mL 的圆底烧瓶中,加入 0.5 g 氨基功能化二氧化硅,磁力搅拌 60 min,使 Zr^{4+} 与二氧化硅微球表面的氨基基团键合,称取对苯二甲酸 0.456 g 和醋酸 4.0 mL,转入反应釜中,120 ℃温度下反应 24 h。冷却后，离心分离，用无水乙醇洗涤 2～3 次，即制得 UiO-66@SiO₂ 核壳材料。

将制备的 UiO-66@SiO₂ 核壳材料浸泡在二氯甲烷溶液中 3 天，每天换一次二氯甲烷，离心，真空下 60 ℃ 干燥。最后，复合材料在 190 ℃ 的真空下活化过夜，从去除微孔中的溶剂分子。取四氯化锆的质量分别为 0.08 g，0.16 g，0.32 g，0.64 g，1.28 g 和 2.56 g 与对应的 H_2BDC 反应可制得不同浓度前驱体的产物，称为 UiO-66@SiO₂-0.08，UiO-66@SiO₂-0.16，UiO-66@SiO₂-0.32，UiO-66@SiO₂-0.64，UiO-66@SiO₂-1.28 和 UiO-66@SiO₂-2.56。

2. UiO-66@SiO₂ 核壳材料的分离性能表征

将制备的 UiO-66@SiO₂ 复合材料和氨基二氧化硅微球（约 1.7 g）填充到不锈钢钢管（150 mm×4.6 mm）中，使用 10 mL 氯仿和 8 mL 环己醇混合液作为匀浆溶剂，填充压力为 250 bar，将甲醇和异丙醇（50：50，体积比）作为置换液。色谱分离的表征在安捷伦 1100 型高效液相色谱系统上进行，配备四元泵、流变性 7725i 进样器和紫外-可见检测器。

五、实验结果与讨论

（1）采用 X 射线衍射仪测绘 UiO-66@SiO₂-0.08，UiO-66@SiO₂-0.16，UiO-66@SiO₂-0.32，UiO-66@SiO₂-0.64，UiO-66@SiO₂-1.28，UiO-66@SiO₂-2.56 的 X 射线衍射图谱，比较各材料 XRD 图谱的不同。

（2）采用 Axio Lab A1 型偏光显微镜观察 UiO-66@SiO₂-0.08，UiO-66@SiO₂-0.16，UiO-66@SiO₂-0.32，UiO-66@SiO₂-0.64，UiO-66@SiO₂-1.28 和 UiO-66@SiO₂-2.56 各材料的形貌。

（3）采用比表面积及孔径分析仪测定 UiO-66@SiO₂-0.08，UiO-66@SiO₂-0.16，UiO-66@SiO₂-0.32，UiO-66@SiO₂-0.64，UiO-66@SiO₂-1.28 和 UiO-66@SiO₂-2.56 各材料的氮气吸附-脱附曲线并比较比表面积及孔径的变化。

（4）比较 UiO-66@SiO₂ 复合材料和氨基二氧化硅微球的分离效果。

六、思考题

（1）不同的二氧化硅包覆量对 UiO-66@SiO₂ 复合材料的比表面积有何影响？
（2）UiO-66@SiO₂ 相比于二氧化硅对分离效果有何影响？

参 考 文 献

[1] ZHANG X Q，HAN Q，DING M Y. One-pot synthesis of UiO-66 @ SiO₂ shell-coremicrospheres as stationary phase for highperformance liquid chromatography [J]. RSC Adv.，2015(5)：1043-1050.

［2］ ARRUA R D，PERISTYY A，NESTERENKO P N，et al. UiO-66＠SiO₂ core-shell microparticles as stationary phases for the separation of small organic molecules ［J］. Analyst，2017(142):517-524.

［3］ FU Y Y，YANG C X，YAN X P. Incorporation of metal-organic framework UiO-66 into porous polymer monoliths to enhance the liquid chromatographic separation of small molecules[J].Chem. Commun.，2013(49):7162-7164.

实验五十五 中空介孔二氧化硅-溴化氧铋的制备

一、实验目的

(1) 掌握制备中空介孔二氧化硅-溴化氧铋(SiO_2-BiOBr)的原理及方法。

(2) 掌握在介孔材料中引入卤氧化铋的方法及催化机理。

二、实验原理

近年来,具有较宽的光波吸收范围的 BiOBr 半导体作为一种优越的光催化剂材料吸引了众多研究者的关注。中空结构是一种较为典型的形貌特征类型,主要由于中空空腔可以让照射光在腔内发生多次反射,有效延长照射光的作用时间,从而增强光催化剂对照射光的利用效率。

纳米级 BiOBr 半导体光催化剂具有纳米尺寸效应,通过表面官能团螯合作用锚定于胺基功能化的中空介孔二氧化硅亚微米球表面,形成一种具有独特的内部空腔结构 H-mSiO_2-BiOBr 的纳米光催化剂,可以有效延长照射光的作用时间,提高了催化剂体系对照射光的利用效率,并有利于光激载流子的产生。同时,壳层中的有序介孔孔道结构可以有效促进反应物分子的传递与交换,显著提高光催化剂材料本身对反应体系中反应物分子的吸附能力,从而使反应物分子与催化剂表面活性位点充分接触并参与反应。

本实验通过氨基功能化中空介孔二氧化硅亚微米球表面氨基官能团导向作用合成新型 H-mSiO_2-BiOBr 纳米光催化剂,由于具有有序介孔孔道结构和独立内部空腔结构,使得该光催化剂表现出优越的吸附性能和物质传输性能。

三、实验仪器与试剂

1. 仪器

高速离心机、磁力搅拌器、X 射线衍射仪、综合热分析仪、高温炉、比表面积及孔径分析仪。

2. 试剂

氨水、无水乙醇、乙二醇、正硅酸四乙酯(TEOS)、十六烷基三甲基溴化铵(CTAB)、3-氨丙基三乙氧基硅烷(APTES)、硝酸铋($Bi(NO_3)_3 \cdot 5H_2O$)、溴化钾

（KBr）、NH_4NO_3。

四、实验步骤

1. 核壳结构 SiO_2@$mSiO_2$/CTAB 微球的制备

取 10 mL 的氨水（质量百分比为 25%）加入到 200 mL 的去离子水中，再加入 400 mL 无水乙醇，磁力搅拌 10 min，加入 50 mL 的 TEOS，室温下 280 转/min 搅拌 6 h，分别用无水乙醇和去离子水 10 000 转/min 离心洗涤 2～3 次。取部分离心的沉淀分散在去离子水中，形成 20 g/L 的悬浮液。

取 540 mL 的上述悬浮液，加入 4.05 g 的 CTAB、810 mL 的去离子水、810 mL 的无水乙醇，再加入 15 mL 的氨水（质量百分比 25%），磁力搅拌 5 min，加入 9.0 mL 的 TEOS，室温下 280 转/min 搅拌 6 h，分别用无水乙醇和去离子水 10 000 转/min 离心洗涤 2～3 次，再取部分离心的沉淀分散在去离子水中，形成 20 g/L 的 SiO_2@ $mSiO_2$/CTAB 微球悬浮液。

2. 中空介孔二氧化硅亚微米微球的制备

取 500 mL 的 20 g/L 的 SiO_2@$mSiO_2$/CTAB 微球悬浮液，加入 10 g 的 Na_2CO_3，在 50 ℃下磁力搅拌 12 h，用去离子水 10 000 转/min 离心洗涤 2～3 次，分散在 300 mL 的无水乙醇中。加入硝酸铵 3 g，90 ℃下回流 24 h，用无水乙醇 10 000 转/min 离心洗涤 2～3 次，80 ℃真空干燥，最后得到中空介孔二氧化硅亚微米微球。

3. 氨基功能化中空介孔二氧化硅亚微米微球的制备

取上述制备的中空介孔二氧化硅亚微米微球超声分散在 150 mL 的丙酮中，加入氨水（质量百分比为 25%）2 mL，磁力搅拌，加入 2.0 mL 的 APTES，60 ℃下回流 12 h，磁力搅拌，用无水乙醇 10 000 转/min 离心洗涤 2～3 次，80 ℃真空干燥，最后得到氨基功能化的中空介孔二氧化硅亚微米微球。

4. H-$mSiO_2$-BiOBr 纳米微球的制备

取 0.3 g 氨基功能化的中空介孔二氧化硅亚微米微球超声分散在 50 mL 去离子水中，加入 0.5 g $Bi(NO_3)_3 \cdot 5H_2O$，超声 5 min，慢速搅拌 12 h，反应完成后，用去离子水 10 000 转/min 离心洗涤 2～3 次。沉淀加入 40 mL 的乙二醇，加入 0.3 g 溴化钾，放入 50 mL 的四氟乙烯反应釜中，180 ℃反应 4 h，用无水乙醇和去离子水分别在 10 000 转/min 离心洗涤 2～3 次，80 ℃真空干燥，最后得到 H-$mSiO_2$-BiOBr 纳米微球。

五、实验结果与讨论

（1）采用 X 射线衍射仪测绘各产物的 X 射线衍射图谱，比较各材料 XRD 图谱的不同。

（2）采用综合热分析仪测绘各产物的热失重图，并比较不同。

（3）采用比表面积及孔径分析仪测绘各产物的氮气吸附-脱附曲线，比较各产物比表面积及孔径的变化。

六、思考题

（1）卤氧化铋的光催化原理是什么？

（2）在微球制备过程中，乙二醇的作用有哪些？

参 考 文 献

LI W，JIA X K，LI P T，et al. Hollow mesoporous SiO_2-BiOBr nanophotocatalyst：synthesis，characterization and application in photodegradation of organic dyes under visible-light irradiation[J]. ACS Sustainable Chem. Eng.，2015(3)：1101-1110.

实验五十六　磁性氧化铁@二氧化硅纳米颗粒的制备

一、实验目的

(1) 掌握水热法制备纳米氧化铁的方法。

(2) 掌握 $Fe_3O_4@SiO_2$ 纳米颗粒的制备原理。

(3) 掌握 $Fe_3O_4@SiO_2$ 纳米颗粒的制备方法及应用。

二、实验原理

氧化铁的纳米颗粒是很有应用前景的磁靶向智能给药系统,可以增加药物在标靶部位的浓度,避免药物对健康细胞的毒副作用。$mSiO_2$ 纳米颗粒微孔可增加药物局部浓度;而磁性颗粒复合介孔二氧化硅形成的核壳微球具有较强的磁响应性,易获得定向中孔和高分散性。本实验将制备一种新的三明治结构的带硅涂层的介孔二氧化硅微球(粒径约 500 nm),所得微球具有超顺磁性、高磁化强度以及均匀可接近的中间通道、高表面积和大孔径。

采用溶胶-凝胶法在氧化铁的表面首先形成一层薄薄的二氧化硅层,厚度约为 20 nm,再通过十六烷基三甲基溴化铵(CTAB)为表面模板剂,在 $Fe_3O_4@nSiO_2$ 微球上沉积介观结构的 CTAB/SiO_2 复合材料,厚约 70 nm。最后用丙酮温和萃取的方法除去 CTAB 模板,形成介孔二氧化硅壳层,于是制得了分散良好的 $Fe_3O_4@nSiO_2@mSiO_2$。复合材料可保护氧化铁在恶劣的腐蚀性环境下的应用,形成的介孔二氧化硅外壳提供了高比表面积、较大的孔隙通道和孔隙体积,可负载众多官能团,为吸附和包封生物大分子甚至功能性纳米颗粒(例如量子点)提供了平台。

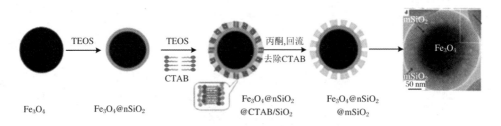

图 56.1　$Fe_3O_4@SiO_2$ 纳米颗粒制备示意图

三、实验仪器与试剂

1. 仪器

聚四氟乙烯反应釜、烘箱。

2. 试剂

三氯化铁（$FeCl_3 \cdot 6H_2O$）、乙酸钠、乙二醇、正硅酸乙酯（TEOS）、十六烷基三甲基溴化铵（CTAB）、氨水（$NH_3 \cdot H_2O$）、无水乙醇、丙酮，所有实验用水均为高纯水。

四、实验步骤

1. 氧化铁制备

取 2.70 g $FeCl_3 \cdot 6H_2O$、7.2 g 乙酸钠，磁力搅拌溶解在 100 mL 乙二醇中，得到黄褐色溶液，然后转移到聚四氟乙烯反应釜中，放入 200 ℃ 的烘箱中，反应 8 h，冷却到室温，用磁铁分离，无水乙醇反复洗涤 6 次，60 ℃ 下真空干燥得到粒径在 300 nm 左右的氧化铁。

2. $Fe_3O_4@SiO_2$ 纳米颗粒制备

取 0.1 g 氧化铁纳米粒子在 50 mL 的 0.1 mol/L 的盐酸中超声分散 10 min，去离子水洗涤，分离，分散在 80 mL 无水乙醇和 20 mL 去离子水混合溶液中，滴加 1.0 mL 氨水（质量百分比为 28%），加入 0.03 g TEOS，室温搅拌 6 h，分离，以无水乙醇和水反复洗涤 3 次得到 $Fe_3O_4@SiO_2$。

3. $Fe_3O_4@nSiO_2@mSiO_2$ 微球制备

取 0.1 g 氧化铁纳米粒子放于 50 mL 的 0.1 mol/L 盐酸中，将制备的 $Fe_3O_4@SiO_2$ 分散于含有 0.30 g CTAB、80 mL 水和 60 mL 乙醇的溶液中，加入 1.00 g 氨水（质量百分比 28%），搅拌 10 min，逐滴加入 0.40 g TEOS，搅拌反应 6 h，以磁铁分离，水和乙醇洗涤去除没有磁性包覆的产物。最后，将样品重新分散于 60 mL 丙酮中，80 ℃ 回流 48 h 去除没有反应的 CTAB，离心洗涤 3 次，以去离子水洗涤得到 $Fe_3O_4@nSiO_2@mSiO_2$ 微球。

五、实验结果与讨论

（1）测绘样品的 XRD 图谱。

（2）测绘样品的红外光谱。

（3）取 20 mg 左右样品于 120 ℃ 真空干燥 12 h，测绘其氮气吸附-脱附曲线。

六、思考题

（1）$Fe_3O_4@nSiO_2$ 纳米颗粒的制备方法还有那些？每种方法制得的产物的粒径有何不同？

(2) Fe_3O_4 能否被完全包覆？如何分离 Fe_3O_4 和 $Fe_3O_4@nSiO_2@mSiO_2$ 微球？

参 考 文 献

[1]　DENG Y H，QI D W，DENG C H，et al. Superparamagnetic high-magnetization microspheres with an $Fe_3O_4@SiO_2$ core and perpendicularly aligned mesoporous SiO_2 shell for removal of microcystins[J].J. Am. Chem. Soc.，2008(130):28-29.

[2]　PARDO I R，PONS M R，HEREDIA A A，et al. Pérez-Prieto $Fe_3O_4@Au@mSiO_2$ as an enhancing nanoplatform for Rose Bengal photodynamic activity[J].Nanoscale，2017(9)：10388-10396.

实验五十七　二氧化硅抛光液的制备及机械抛光

一、实验目的

（1）掌握二氧化硅抛光液的抛光机理。
（2）掌握化学机械抛光的表征方法。

二、实验原理

化学机械抛光是通过复杂的机械和化学的共同作用完成的,其中硅片抛光（CMP）是以化学反应为主的抛光过程。要使抛光后的硅片表面质量好,应使抛光过程中的机械作用和化学作用达到一种平衡。若化学作用大于机械作用,则硅片表面会出现波纹、腐蚀坑;如果机械作用大于化学作用,则表面会有明显划伤或高层损伤。在硅的 CMP 过程中,化学反应对整个抛光过程有着重要影响,抛光液中的化学成分与硅片的化学作用过程为:在硅片的表面形成氢氧键,硅片和抛光液中的磨料间形成一种化学键,释放的一个水分子使硅和氧之间形成化学键,抛光液的粒子离开时,打破了硅与硅之间存在的化学键。

$$Si + 2OH^- + H_2O \longrightarrow SiO_3^{2-} + 2H_2 \uparrow$$

$$SiO_3^{2-} + 2H_2O \longrightarrow H_2SiO_3 + 2OH^-$$

其中,水解产物 H_2SiO_3 的一部分聚合为多硅酸,而另一部分 H_2SiO_3 电离,最后形成硅酸胶体覆盖于硅片表面上,即在硅片表面形成一层化学腐蚀层,其结构如下:

$$\{[SiO_2]_m \cdot nSiO_3^{2-} \cdot 2(n-x)H^+\}_{2x}^- \cdot 2xH^+$$

这层硅酸胶体被称为软质层,硬度小于基体材料的硬度,容易去除,除了增大了每个磨料去除材料的体积,提高了材料的去除率外,还可以降低磨料嵌入硅片表面的深度,对降低抛光表面粗糙度起着重要作用。当抛光液磨料选用纳米级胶体二氧化硅抛光硅片时,胶体的 SiO_2 与 Si 可能发生以下反应:

$$Si + SiO_2 \longrightarrow 2SiO$$

$$SiO + 2OH^- \longrightarrow SiO_3^{2-} + H_2 \uparrow$$

材料去除率（MRR）是衡量抛光液性能的重要评价指标之一,在本次实验中,MRR 是主要的检测指标,计算公式如下:

$$MRR = \frac{(M_0 - M_1) \times 10^7}{p \times S \times t}$$

式中，M_0 与 M_1 分别为抛光前和抛光后硅片质量，单位为 g；

　　p 为硅晶片的密度，单位为 g/cm^3；

　　S_1 为硅晶片的面积，单位为 cm^2；

　　t 为抛光时间，单位为 min。

三、实验仪器与试剂

1. 仪器

UNIPOL-1502 型精密研磨抛光机、去离子水系统、空气压缩机、超声波雾化器、250 型自动控温加热平台、飞利浦 HP4930 电吹风、梅特勒-托利多 XS 205-DV 精密电子天平。

2. 试剂

白炭黑、乙醇胺、乙二胺、二乙醇胺、三乙胺。

四、实验步骤

1. 抛光液制备

首先将白炭黑和去离子水以 1:8 的质量比混合。在磁力搅拌器的不停搅拌下，白炭黑完全溶解。当混合液呈现粥状且无沉淀时，加入适量有机碱，测试溶液 pH 为 9 时，再加入适量表面活性剂，然后缓缓加入质量分数为 40.2% 的硅溶胶，并搅拌均匀，在此过程中不断加入适量有机碱，再加入一定量的氧化剂，不停搅拌，最后加入去离子水直至溶液达到 300 g。

抛光液基本成分（质量比）：二氧化硅含量 20%、表面活性剂含量 0.5%、氧化剂含量 2%、有机碱 2%，抛光液的总质量 300 g。分别将去离子水换成乙醇胺、乙二胺、二乙醇胺和三乙胺，按照以上比例配制成 300 g 的抛光液，并依次进行超声精细雾化抛光。

2. 抛光实验

抛光实验的工艺条件为抛光压力 8 psi，抛光盘转速 55 转/min，抛光时间 5 min，雾化量小于 10 mL/min，工件为 20 mm×20 mm 的单晶硅片。在实验前，为了便于抛光，用 250 型自动控温加热平台加热载物盘，用石蜡将单晶硅片粘在载物盘上，并用梅特勒-托利多 XS 205-DU 精密电子天平称量硅片和载物盘质量。

抛光完成后，用电吹风吹干硅片，再次称量硅片质量并观察其表面形貌。为了准确地称量硅片的质量，分别称量 5 次，并计算其平均值。在每次相同的抛光条件下，各进行 3 次抛光实验，计算材料去除率的平均值。

五、实验结果与讨论

（1）计算各材料的去除率，比较抛光效果的好坏。

（2）比较不同有机碱对材料去除率的影响。

六、思考题

（1）二氧化硅在抛光液中起到什么作用？如何理解抛光机理？

（2）影响抛光效果的其他因素有哪些？

（3）抛光结果的表征手段还有哪些？

参 考 文 献

翟靖.SiO_2抛光液实验研究[D].无锡：江南大学，2012.

实验五十八 二氧化铈@二氧化硅复合磨料的制备及机械抛光

一、实验目的

(1) 掌握 $CeO_2@SiO_2$ 复合磨料的制备方法。
(2) 掌握 $CeO_2@SiO_2$ 复合磨料的抛光性能表征。

二、实验原理

对复合磨料的研究逐渐成为 CMP 相关技术领域中的一个热点。它是通过对纳米粒子的结构、形貌以及物理、化学性质进行微观设计,制备出不同种类、硬度以及不同物理、化学性质的复合磨料,希望在满足抛光表面质量的基础上进一步提高抛光速率、降低抛光表面缺陷。在 CMP 中所使用的复合磨料通常包括掺杂型和包覆型。二氧化钛掺杂球形氧化铈粉体应用于硅晶片的化学机械抛光,可以使抛光速率提高 50%、表面缺陷降低 80%。核壳结构的无机/无机和有机/无机复合磨料有望降低磨料对抛光工件表面的"硬冲击",特别是具有"弹簧状"结构的有机/无机复合磨料,达到"柔性"抛光的效果,能降低抛光表面粗糙度、减少划痕等抛光表面缺陷。

本实验以无水乙醇为溶剂、以氨水为催化剂,水解正硅酸乙酯得到的二氧化硅微球为内核。以硝酸亚铈为铈源,以六亚甲基四胺为沉淀剂,采用化学沉淀法制备 $CeO_2@SiO_2$ 复合颗粒,通过测定表面粗糙度等手段对磨抛性能进行表征。

三、实验仪器与试剂

1. 仪器

UNIPOL-1502 型精密研磨抛光机、去离子水系统、高温炉、鼓风干燥箱。

2. 试剂

正硅酸乙酯(TEOS)、无水乙醇、硝酸亚铈($Ce(NO_3)_2 \cdot 6H_2O$)、氨水、六亚甲基四胺。

四、实验步骤

1. 单分散球形纳米二氧化硅粉体的制备

向烧杯中依次加入 2.04 g 氨水和 1.17 mL 去离子水,再用无水乙醇稀释至

50 mL,磁力搅拌 5 min,得到反应液 A 备用。

称取正硅酸乙酯(TEOS)2.8 mL,用无水乙醇稀释至 25 mL,磁力搅拌 5 min,得到反应液 B 备用。

在磁力搅拌条件下缓慢地将反应液 B 滴加到反应液 A 中,滴加完毕后继续搅拌 8 h,陈化 16 h 后离心分离沉淀物,并用去离子水和无水乙醇洗涤 2 次,得到白色沉淀物,置于 70 ℃的鼓风干燥箱中干燥,550 ℃煅烧 1 h,即可得到单分散球形纳米二氧化硅粉体。

CeO_2@SiO_2复合磨料的制备:称取单分散球形纳米二氧化硅粉体 1.0 g,在 60 mL 无水乙醇中超声分散 30 min,加入 7.23 g 的 $CeNO_3 \cdot 6H_2O$、3.23 g 六亚甲基四胺和 20 g 水,75 ℃搅拌 2 h,加入 400 μL 的双氧水,沉淀物离心分离,并用去离子水和无水乙醇洗涤 2 次,置于 70 ℃的鼓风干燥箱中干燥。

2.抛光实验

抛光实验的工艺条件为抛光压力 3 psi,抛光盘转速 120 转/min,抛光时间 5 min,雾化量小于 10 mL/min,工件为 20 mm×20 mm 的单晶硅片。在实验前,为了便于抛光,用 250 型自动控温加热平台加热载物盘,用石蜡将单晶硅片粘在载物盘上,并用梅特勒-托利多 XS 205-DU 精密电子天平称量硅片和载物盘质量。

抛光实验完成后,用电吹风吹干硅片,再次称量硅片质量并观察其表面形貌。为了更加准确称量硅片的质量,应分别称量 5 次,并计算其平均值。在每次相同的抛光条件下,各进行 3 次抛光实验,计算材料去除率的平均值。

五、实验结果与讨论

(1) 计算各材料的去除率,比较抛光效果的好坏。
(2) 分析 CeO_2@SiO_2复合磨料的磨抛机理。

六、思考题

(1) 抛光过程中,抛光工艺对抛光结果有何影响?
(2) 抛光过程中,抛光液的配方变化对抛光结果有何影响?

参 考 文 献

[1]　SU X W, ZHU L Q, LI W P, et al. The synthesis of monodispersed m-CeO₂/SiO₂ nanoparticles and formation of UV absorption coatings with them[J].RSC Adv., 2020(10):4554-4560.

[2]　WANG Y, WANG F G, HAN K H, et al. Ultra-small CeO₂ nanoparticles supported on SiO₂ for indoor formaldehyde oxidation at low temperature[J].Catal. Sci. Technol., 2020(10):6701-6712.

[3]　陈杨,隆仁伟,陈志刚.CeO₂@SiO₂纳米复合磨料的制备及其对光学石英玻璃的抛光性能[J].材料导报,2010,24(9):35-38.

实验五十九　二氧化锆@二氧化钛复合材料的制备

一、实验目的

(1) 掌握 ZrO_2@ TiO_2复合材料的制备方法。

(2) 掌握 ZrO_2@ TiO_2复合材料的性能表征方法。

二、实验原理

　　核壳纳米粒子(CSNs)因具有不同的形态和化学成分,在催化领域已经成为最具吸引力并广泛应用的一种材料。二氧化硅作为一种外壳材料,具有稳定性好、涂覆过程易调节、孔隙率可控、加工性能好等优点。二氧化锆纳米颗粒具有较高的透明度,是能够有效调节材料折射率的光学材料。

　　二氧化锆粒径小于 100 nm,通过改变二氧化硅的浓度就可以得到不同壳层厚度的前驱物,精确地制备单分散 ZrO_2@SiO_2核壳纳米粒子,其可以很好地分散在水、甲醇和乙醇中。ZrO_2@SiO_2核壳纳米粒子可以进一步采用(3-氨基丙基)三甲氧基硅烷(APS)、聚乙烯吡咯烷酮(PVP)、甲基三乙氧基硅烷等表面偶联剂修饰,形成的核壳纳米结构具有可调的折射率和表面成分,在高分子光学材料、宽带防腐涂层、耐腐蚀材料等方面有着广阔的应用前景(图 59.1)。

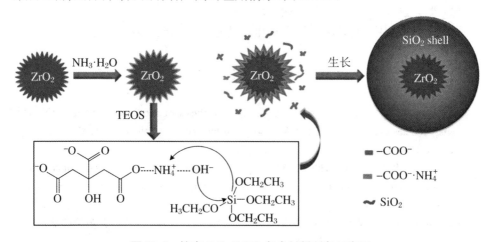

图 59.1　核壳 ZrO_2@SiO_2复合材料制备示意图

三、实验仪器与试剂

1. 仪器

Smartlab SE 型 X 射线衍射仪、Tristar 3020 多通道全自动比表面积与孔隙度分析仪、Axio Lab A1 型偏光显微镜。

2. 试剂

$ZrOCl_2 \cdot 8H_2O$、尿素、柠檬酸、正硅酸乙酯（TEOS）、无水乙醇、氨水、$CH_3SiO(CH_2CH_3)_3$、异丙醇。

四、实验步骤

1. 纳米二氧化锆粉体的制备

称取 3.22 g $ZrOCl_2 \cdot 8H_2O$、1.6 g 尿素加入到 25 g 水中，再加入 0.4 g 的柠檬酸，搅拌 30 min，倒入聚四氟乙烯反应釜中，155 ℃下反应 12 h，冷却到室温，离心，用去离子水洗涤 3 次，将产物分离在去离子水中，配制成质量分数 4.5% 的悬浮液备用。

2. 纳米 ZrO_2@SiO_2 复合材料的制备

本实验采用溶胶-凝胶法制备纳米 ZrO_2@SiO_2 复合材料。移取 45.9 mg 的分散的二氧化锆（质量分数 4.5%）到圆底烧瓶中，加入 0.5 mL 的氨水和 20 mL 的异丙醇，搅拌 30 min，在快速搅拌（1 500 转/min）时加入 TEOS（可以为 2 mmol/L，5 mmol/L，10 mmol/L 和 20 mmol/L），室温下反应 24 h，产物离心，用去离子水洗涤 3 次，然后重新分散在无水乙醇中。

3. 纳米 ZrO_2@SiO_2 复合材料的硅烷修饰

称取 100 mg 的纳米 ZrO_2@SiO_2 复合材料加入 50 mL 乙醇中，磁力搅拌，升温到 70 ℃加入 100 μL 的甲基三乙氧基硅烷（$CH_3SiO(CH_2CH_3)_3$）回流反应 24 h，产品离心洗涤 3 次，得到产物。

五、实验结果与讨论

（1）测绘加入不同 TEOS 量制备样品的 XRD 图谱，并比较其不同。

（2）测绘样品的红外光谱。

（3）将加入不同 TEOS 量制备的样品置于 120 ℃真空干燥 12 h，测绘其氮气吸附-脱附曲线。

六、思考题

（1）对比一步法制备 ZrO_2@SiO_2 复合材料，溶胶凝胶法有何优点？

（2）查阅文献，其他类型的硅烷制备 ZrO_2@SiO_2 复合材料与本实验相比有何优缺点？

参 考 文 献

[1] YANG X L, ZHAO N, ZHOU Q Z, et al. Precise preparation of highly monodisperse $ZrO_2 @ SiO_2$ core-shell nanoparticles with adjustable refractive indices[J]. J. Mater. Chem. C, 2013(1):3359-3366.

[2] RHEE D K, YOO P J. Interconnected assembly of $ZrO_2 @ SiO_2$ nanoparticles with dimensional selectivity and refractive index tenability[J]. J. Mater. Chem. C, 2019(7): 8176-8184.

[3] HE J, LI X L, SU D, et al. Super-hydrophobic hexamethyl-disilazane modified $ZrO_2 @ SiO_2$ aerogels with excellent thermal stability[J]. J. Mater. Chem. A, 2016(4): 5632-5638.

[4] FINSEL M, HEMME M, DÖRING S, et al. Horst Weller and Tobias Vossmeye Synthesis and thermal stability of $ZrO_2 @ SiO_2$ core-shell submicron particles[J]. RSC Adv., 2019(9):26902-26914.

[5] JIANG Y Q, YANG S F, DING X F, et al. Synthesis and catalytic activity of stable hollow $ZrO_2 @ SiO_2$ spheres with mesopores in the shell wall[J]. J. Mater. Chem., 2005 (15):2041-2046.

实验六十 二氧化硅@二氧化钛复合材料的制备

一、实验目的

(1) 掌握 $SiO_2@TiO_2$ 复合材料的制备方法。

(2) 掌握 $SiO_2@TiO_2$ 复合材料的性能表征方法。

二、实验原理

核-壳型纳米复合材料的制备方法有溶胶凝胶法、微乳液法、模板法、超声化学沉积法、原位聚合法、逐层自组装技术等。核-壳型 $SiO_2@TiO_2$ 纳米复合材料在光催化、抗菌、清洁等众多领域均表现出优异的性能。

本实验以氨水溶液作为催化剂,使正硅酸乙酯(TEOS)在乙醇和去离子水的溶液中发生水解缩聚反应,生成二氧化硅微球。钛酸四丁酯在含有乙醇和去离子水的溶液中在二氧化硅微球发生水解缩聚反应,沉积在二氧化硅微球表面,形成核-壳型 $SiO_2@TiO_2$ 纳米复合材料。然后用 NaOH 刻蚀掉二氧化硅核,即可形成空心的核壳型 $SiO_2@TiO_2$ 纳米复合材料(图 60.1)。

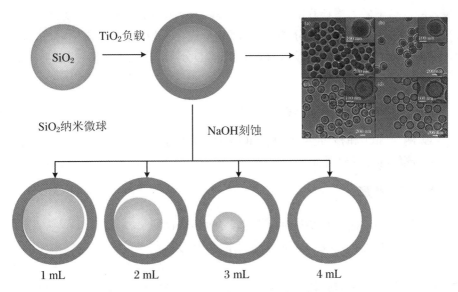

图 60.1 核-壳型 SiO_2/TiO_2 纳米复合材料制备原理

三、实验仪器与试剂

1. 仪器

Smartlab SE 型 X 射线衍射仪、Tristar 3020 多通道全自动比表面积与孔隙度分析仪、Axio Lab A1 型偏光显微镜。

2. 试剂

正硅酸四乙酯(TEOS)、无水乙醇、羧甲基纤维素、钛酸四丁酯、氨水、氢氧化钠、盐酸。

四、实验步骤

1. 可控二氧化硅模板制备

将 2 mL 正硅酸四乙酯(TEOS)加入到 80 mL 的无水乙醇中,再加入 7 mL 的氨水(质量分数 28%)和 9 mL 的去离子水,40 ℃下磁力搅拌 24 h,离心得到白色沉淀,分别用水、乙醇洗涤 3 次,然后在 80 ℃下烘干备用。

2. 核-壳型 SiO_2/TiO_2 纳米微球制备

将上述制备的二氧化硅分散在含有 0.3 g 羧甲基纤维素的 100 mL 乙醇溶液中,加入 0.48 mL 的去离子水,超声分散 20 min,得到均匀的产物,再搅拌 30 min。将 4 mL 的钛酸四丁酯分散在 20 mL 的乙醇中,缓慢滴加到上述二氧化硅溶液中,升温到 85 ℃,将混合溶液在 900 转/min 下回流 100 min。离心分离混合物,用乙醇洗涤,100 ℃干燥 4 h 备用。

将上述制备的核-壳型 SiO_2/TiO_2 纳米微球重新分散在 80 mL 水中,超声分散,然后分别加入 1.0 mL、2.0 mL、3.0 mL 型和 4.0 mL 的 2.5 mol/L 的 NaOH 溶液,在 50 ℃下磁力搅拌 6 h,刻蚀二氧化硅,得到核-壳型 SiO_2/TiO_2 纳米复合材料。产物用去离子水和乙醇分别洗涤,离心分离,分散在去离子水中,加入少量盐酸,中和多余的 NaOH,继续搅拌 2 h,产物离心分离,用去离子水洗涤 3 次,100 ℃干燥过夜,得到产物。

五、实验结果与讨论

(1) 测绘 SiO_2 和核-壳型 SiO_2/TiO_2 纳米微球的 XRD 图谱,并比较其不同。

(2) 测绘样品的红外光谱。

六、思考题

(1) 二氧化硅对二氧化锆的带隙宽度有何影响?

(2) 在制备过程中,如何克服二氧化锆团聚的影响?

参 考 文 献

[1] GUO X S，CHEN Y L，LI D，et al. The application of low frequency dielectric spectroscopy to analyze the electrorheological behavior of monodisperse yolk-shell SiO_2@TiO_2 nanospheres [J]. Soft Matter，2016(12)：546-554.

[2] DAHL M，DANG S，JOO J B，et al. Control of the crystallinity in TiO_2 microspheres through silica impregnation [J]. Cryst Eng Comm.，2012(14)：7680-7685.

[3] WILLIAMS P A，IRELAND C P，KING P J，et al. Atomic layer deposition of anatase TiO_2 coating on silica particles：growth，characterization and evaluation as photocatalysts for methyl orange degradation and hydrogen production[J]. J. Mater. Chem.，2012 (22)：20203-20209.

附录一　晶体几何关系

晶系	单胞体积 V	面间距 d	面间夹角 ϕ
立方晶系[cubic] $a=b=c$ $\alpha=\beta=\gamma=90°$	$V=a^3$	$\dfrac{1}{d^2}=\dfrac{h^2+k^2+l^2}{a^2}$	$\cos\phi=\dfrac{h_1h_2+k_1k_2+l_1l_2}{\sqrt{(h_1^2+k_1^2+l_1^2)(h_2^2+k_2^2+l_2^2)}}$
四方晶系[tetragonal] $a=b\neq c$ $\alpha=\beta=\gamma=90°$	$V=a^2c$	$\dfrac{1}{d^2}=\dfrac{h^2+k^2}{a^2}+\dfrac{l^2}{c^2}$	$\cos\phi=\dfrac{\dfrac{h_1h_2+k_1k_2}{a^2}+\dfrac{l_1l_2}{c^2}}{\sqrt{\left(\dfrac{h_1^2+k_1^2}{a^2}+\dfrac{l_1^2}{c^2}\right)\left(\dfrac{h_2^2+k_2^2}{a^2}+\dfrac{l_2^2}{c^2}\right)}}$
六方晶系[hexagonal] $a=b\neq c$ $\alpha=\beta=90°,\ \gamma=120°$	$V=\dfrac{\sqrt{3}a^2c}{2}=0.866a^2c$	$\dfrac{1}{d^2}=\dfrac{4}{3}\left(\dfrac{h^2+hk+k^2}{a^2}\right)+\dfrac{l^2}{c^2}$	$\cos\phi=\dfrac{h_1h_2+k_1k_2+\dfrac{1}{2}(h_1k_2+h_2k_1)+\dfrac{3a^2}{4c^2}l_1l_2}{\sqrt{\left(h_1^2+k_1^2+h_1k_1+\dfrac{3a^2}{4c^2}l_1^2\right)\left(h_2^2+k_2^2+h_2k_2+\dfrac{3a^2}{4c^2}l_2^2\right)}}$

续表

晶系	单胞体积 V	面间距 d	面间夹角 ϕ
三方晶系[trigonal] $a = b = c$ $\alpha = \beta = \gamma < 120°, \neq 90°$	$V = a^3\sqrt{1 - 3\cos^2\alpha + 2\cos^3\alpha}$	$\dfrac{1}{d^2} = \dfrac{(h^2 + k^2 + l^2)\sin^2\alpha}{a^2(1 - 3\cos^2\alpha + 2\cos^3\alpha)} + \dfrac{2(hk + kl + hl)(\cos^2\alpha - \cos\alpha)}{a^2(1 - 3\cos^2\alpha + 2\cos^3\alpha)}$	$\cos\phi = \dfrac{a^4 d_1 d_2}{V^2}\Big| \sin^2\alpha(h_1 h_2 + k_1 k_2 + l_1 l_2) + (\cos^2\alpha - \cos\alpha)(k_1 l_2 + k_2 l_1 + l_1 h_2 + l_2 h_1 + h_1 k_2 + h_2 k_1)\Big|$
正交晶系[orthorhombic] $a \neq b \neq c$ $\alpha = \beta = \gamma = 90°$	$V = abc$	$\dfrac{1}{d^2} = \dfrac{h^2}{a^2} + \dfrac{k^2}{b^2} + \dfrac{l^2}{c^2}$	$\cos\phi = \dfrac{\dfrac{h_1 h_2}{a^2} + \dfrac{k_1 k_2}{b^2} + \dfrac{l_1 l_2}{c^2}}{\sqrt{\left(\dfrac{h_1^2}{a^2} + \dfrac{k_1^2}{b^2} + \dfrac{l_1^2}{c^2}\right)\left(\dfrac{h_2^2}{a^2} + \dfrac{k_2^2}{b^2} + \dfrac{l_2^2}{c^2}\right)}}$
单斜晶系[monoclinic] $a \neq b \neq c$ $\alpha = \gamma = 90° \neq \beta$	$V = abc\sin\beta$	$\dfrac{1}{d^2} = \dfrac{1}{\sin^2\beta}\left(\dfrac{h^2}{a^2} + \dfrac{k^2\sin^2\beta}{b^2} + \dfrac{l^2}{c^2} - \dfrac{2hl\cos\beta}{ac}\right)$	$\cos\phi = \dfrac{d_1 d_2}{\sin^2\beta}\cdot\left[\dfrac{h_1 h_2}{a^2} + \dfrac{k_1 k_2\sin^2\beta}{b^2} + \dfrac{l_1 l_2}{c^2} - \dfrac{(l_1 h_2 + l_2 h_1)\cos\beta}{ac}\right]$
三斜晶系[triclinic] $a \neq b \neq c$ $\alpha \neq \beta \neq \gamma$	$V = abc\cdot(1 - \cos^2\alpha - \cos^2\beta - \cos^2\gamma + 2\cos\alpha\cos\beta\cos\gamma)^{\frac{1}{2}}$	$\dfrac{1}{d^2} = \dfrac{1}{V^2}(S_{11}h^2 + S_{22}k^2 + S_{33}l^2 + 2S_{12}hk + 2S_{23}kl + 2S_{13}hl)$	$\cos\phi = \dfrac{d_1 d_2}{V^2}\big[S_{11}h_1 h_2 + S_{22}k_1 k_2 + S_{33}l_1 l_2 + S_{23}(k_1 l_2 + k_2 l_1) + S_{13}(l_1 h_2 + l_2 h_1) + S_{12}(h_1 k_2 + h_2 k_1)\big]$ $S_{11} = b^2 c^2\sin^2\alpha, S_{12} = abc^2(\cos\alpha\cos\beta - \cos\gamma),$ $S_{22} = a^2 c^2\sin^2\beta, S_{23} = a^2 bc(\cos\beta\cos\gamma - \cos\alpha),$ $S_{33} = a^2 b^2\sin^2\gamma, S_{13} = ab^2 c(\cos\gamma\cos\alpha - \cos\beta)$

附录二 32 种晶体学点群的记号

序号	晶系	点群		轴向对称要素的方向和数目	劳埃群
		国际符号	圣佛利斯符号		
1	三斜晶系	1	C_1		$\bar{1}$
		$\bar{1}$	C_i		
2	单斜晶系	2	C_2		2/m
		m	C_3		
		2/m	C_{2h}		
3	正交晶系	222	D_2		mmm
		mm2	D_{2v}		
		mmm	D_{2h}		

续表

序号	晶系	点群 国际符号	点群 圣佛利斯符号	轴向对称要素的方向和数目 c	轴向对称要素的方向和数目 a	轴向对称要素的方向和数目 [110]	劳埃群
4	四方晶系	4	C_4	4			$4/m$
		$\bar{4}$	S_4	$\bar{4}$			
		$4/m$	C_{4h}	$\dfrac{4}{m}$			
		422	D_4	4	2(2)	2(2)	$4/mmm$
		$4mm$	C_{4v}	4	m(2)	m(2)	
		$\bar{4}2m$	D_{2d}	$\bar{4}$	2(2)	m(2)	
		$4/mmm$	D_{4h}	$\dfrac{4}{m}$	$\dfrac{2}{m}$(2)	$\dfrac{2}{m}$(2)	
5	三方晶系	3	C_3	3	a		$\bar{3}$
		$\bar{3}$	C_{3i}	$\bar{3}$			
		32	D_3	3	2(2)		$\bar{3}m$
		$3m$	C_{3v}	3	m(3)		
		$\bar{3}m$	D_{3d}	$\bar{3}$	$\dfrac{2}{m}$(3)		

续表

序号	晶系	点群 国际符号	点群 圣佛利斯符号	轴向对称要素的方向和数目 c	轴向对称要素的方向和数目 a / [111]	轴向对称要素的方向和数目 [210] / [110]	劳埃群
6	六方晶系	6	C_6	6			$6/m$
		$\bar{6}$	C_{3h}	$\bar{6}$			
		$6/m$	C_{6h}	$\dfrac{6}{m}$			
		622	D_6	6	2(3)	2(3)	$6/mmm$
		$6mm$	C_{6v}	6	m(3)	m(3)	
		$\bar{6}m2$	D_{3h}	$\bar{6}$	m(3)	2(3)	
		$6/mmm$	D_{6h}	$\dfrac{6}{m}$	$\dfrac{2}{m}$(3)	$\dfrac{2}{m}$(3)	
7	立方晶系	23	T	2(3)	3(4)		$m\bar{3}$
		$m\bar{3}$	T_h	$\dfrac{2}{m}$(3)	$\bar{3}$(4)		
		432	O	4(3)	3(4)	2(6)	$m\bar{3}m$
		$\bar{4}3m$	T_d	$\bar{4}3$(3)	3(4)	m(6)	
		$m\bar{3}m$	O_h	$\dfrac{4}{m}$(3)	$\bar{3}$(4)	$\dfrac{2}{m}$(6)	

附录三　230种晶体学空间群的记号

晶系	点群 国际符号	点群 圣佛利斯符号	空间群								
三斜晶系	1	C_1	$P1$								
	$\bar{1}$	C_i	$P\bar{1}$								
单斜晶系	2	$C_2^{(1\sim3)}$	$P2$	$P2_1$	$C2$						
	m	$C_s^{(1\sim4)}$	Pm	Pc	Cm	Cc					
	$2/m$	$C_{2h}^{(1\sim6)}$	$P2/m$	$P2_1/m$	$C2/m$	$P2/c$	$P2_1/C$	$C2/c$			
正交晶系	222	$D_2^{(1\sim9)}$	$P222$	$P222_1$	$P2_12_12$	$P2_12_12_1$	$C222_1$	$C222$	$F222$	$I222$	$I2_12_12_1$
	$mm2$	$C_{2v}^{(1\sim22)}$	$Pmm2$	$Pmc2_1$	$Pcc2$	$Pma2$	$Pca2_1$	$Pnc2$	$Pmn2_1$	$Pba2$	$Pna2_1$
			$Pnn2$	$Cmm2$	$Cmc2_1$	$Ccc2$	$Amm2$	$Abm2$	$Ama2$	$Aba2$	$Fmm2$
			$Fdd2$	$Imm2$	$Iba2$	$Ima2$					

续表

晶系	点群 国际符号	点群 圣弗利斯符号	空间群								
正交晶系	mmm	$D_{2h}^{(1\sim28)}$	Pmmm	Pnnn	Pccm	Pban	Pmma	Pnna	Pmna	Pcca	Pbam
			Pccn	Pbcm	Pnnm	Pmmn	Pbcn	Pbca	Pnma	Cmcm	Cmca
			Cmmm	Cccm	Cmma	Ccca	Fmmm	Fddd	Immm	Ibam	Ibca
			Imma								
四方晶系	4	$C_4^{(1\sim6)}$	P4	$P4_1$	$P4_2$	$P4_3$	I4	$I4_1$			
	$\bar{4}$	$S_4^{(1\sim2)}$	$P\bar{4}$	$I\bar{4}$							
	4/m	$C_{4h}^{(1\sim6)}$	P4/m	$P4_2/m$	P4/n	$P4_2/n$	I4/m	$I4_1/a$			
	422	$D_4^{(1\sim10)}$	P422	$P42_12$	$P4_122$	$P4_12_12$	$P4_222$	$P4_22_12$	$P4_322$	$P4_32_12$	I422
			$I4_122$								
	4mm	$C_{4v}^{(1\sim12)}$	P4mm	P4bm	$P4_2cm$	$P4_2nm$	P4cc	P4nc	$P4_2mc$	$P4_2bc$	I4mm
			I4cm	$I4_1md$	$I4_1cd$						
	$\bar{4}2m$	$D_{2d}^{(1\sim12)}$	$P\bar{4}2m$	$P\bar{4}2c$	$P\bar{4}2_1m$	$P\bar{4}2_1c$	$P\bar{4}m2$	$P\bar{4}c2$	$P\bar{4}b2$	$P\bar{4}n2$	$I\bar{4}m2$
			$I\bar{4}c2$	$I\bar{4}2m$	$I\bar{4}2d$						
	4/mmm	$D_{4h}^{(1\sim20)}$	P4/mmm	P4/mcc	P4/nbm	P4/nnc	P4/mbm	P4/mnc	P4/nmm	P4/ncc	$P4_2/mmc$
			$P4_2/mcm$	$P4_2/nbc$	$P4_2/nnm$	$P4_2/mbc$	$P4_2/mnm$	$P4_2/nmc$	$P4_2/ncm$	I4/mmm	I4/mcm
			$I4_1/amd$	$I4_1/acd$							

续表

晶系	点群		空间群									
	国际符号	圣佛利斯符号										
三方晶系	3	$C_3^{(1\sim4)}$	$P3$	$P3_1$	$P3_2$	$R3$						
	$\bar3$	$C_{3i}^{(1\sim2)}$	$P\bar3$	$R\bar3$								
	32	$D_3^{(1\sim7)}$	$P312$	$P321$	$P3_112$	$P3_121$	$P3_212$	$P3_221$	$R32$			
	$3m$	$C_{3v}^{(1\sim6)}$	$P3m1$	$P31m$	$P3c1$	$P31c$	$R3m$	$R3c$				
	$\bar3m$	$D_{3d}^{(1\sim6)}$	$P\bar31m$	$P\bar31c$	$P\bar3m1$	$P\bar3c1$	$R\bar3m$	$R\bar3c$				
六方晶系	6	$C_6^{(1\sim6)}$	$P6$	$P6_1$	$P6_5$	$P6_2$	$P6_4$	$P6_3$				
	$\bar6$	$C_{3h}^{(1)}$	$P\bar6$									
	$6/m$	$C_{6h}^{(1\sim2)}$	$P6/m$	$P6_3/m$								
	622	$D_6^{(1\sim6)}$	$P622$	$P6_122$	$P6_522$	$P6_222$	$P6_422$	$P6_322$				
	$6mm$	$C_{6v}^{(1\sim4)}$	$P6mm$	$P6cc$	$P6_3cm$	$P6_3mc$						
	$\bar6m2$	$D_{3h}^{(1\sim4)}$	$P\bar6m2$	$P\bar6c2$	$P\bar62m$	$P\bar62c$						
	$6/mmm$	$D_{6h}^{(1\sim4)}$	$P6/mmm$	$P6/mcc$	$P6_3/mcm$	$P6_3/mmc$						
立方晶系	23	$T^{(1\sim5)}$	$P23$	$F23$	$I23$	$P2_13$	$I2_13$					
	$m\bar3$	$T_h^{(1\sim7)}$	$Pm3$	$Pn3$	$Fm3$	$Fd3$	$Im3$	$Pa3$	$Ia3$			
	432	$O^{(1\sim8)}$	$P432$	$P4_232$	$F432$	$F4_132$	$I432$	$P4_332$	$P4_132$	$I4_132$		
	$\bar43m$	$T_d^{(1\sim6)}$	$P\bar43m$	$F\bar43m$	$I\bar43m$	$P\bar43n$	$F\bar43c$	$I\bar43d$				
	$m\bar3m$	$O_h^{(1\sim10)}$	$Pm\bar3m$	$Pn\bar3n$	$Pm\bar3n$	$Pn\bar3m$	$Fm\bar3m$	$Fm\bar3c$	$Fd\bar3m$	$Fd\bar3c$	$Im\bar3m$	
			$Ia\bar3d$									